看图学造价之建筑工程造价

鸿图造价　组编

杨霖华　赵小云　主编

机械工业出版社
CHINA MACHINE PRESS

本书根据现行国家标准《建设工程工程量清单计价规范》（GB 50500—2013）、《房屋建筑与装饰工程工程量计算规范》（GB 50854—2013）》进行编写。本书在内容方面以清单的分部分项为线索，选择具有针对性的实例进行讲解，帮助读者更好地理解工程量清单的计算规则；在形式方面推陈出新，以二维图、三维图相结合的形式，一张图同时关联多张图，构成清晰的三维图，使读者对房屋中各个构件的印象不再模糊，对计算规则的理解更加深刻，同时也为以后软件的学习奠定良好的基础。

本书共 10 章，主要内容包括建筑面积，土石方工程，基础工程，砌筑工程，混凝土与钢筋混凝土工程，金属结构工程，木结构工程，门窗工程，屋面及防水工程，保温、隔热、防腐工程等。

本书内容简明实用、图文并茂、深入浅出，实际操作性较强，可作为建筑工程预算人员和管理人员的参考用书，也可作为相关专业大中专院校师生的参考资料，还可供造价工程师、建造师参考使用。

图书在版编目（CIP）数据

看图学造价之建筑工程造价/杨霖华，赵小云主编.—北京：机械工业出版社，2020.4

ISBN 978-7-111-64919-9

Ⅰ.①看…　Ⅱ.①杨…　②赵…　Ⅲ.①建筑造价管理－图解

Ⅳ.①TU723.3-64

中国版本图书馆 CIP 数据核字（2020）第 035945 号

机械工业出版社（北京市百万庄大街 22 号　邮政编码 100037）

策划编辑：汤　攀　责任编辑：汤　攀　臧程程

责任校对：刘时光　封面设计：张　静

责任印制：孙　炜

河北宝昌佳彩印刷有限公司印刷

2020 年 6 月第 1 版第 1 次印刷

184mm×260mm · 14.25 印张 · 353 千字

标准书号：ISBN 978-7-111-64919-9

定价：49.00 元

电话服务　　　　　　　　网络服务

客服电话：010-88361066　机 工 官 网：www.cmpbook.com

　　　　　010-88379833　机 工 官 博：weibo.com/cmp1952

　　　　　010-68326294　金 书 网：www.golden-book.com

封底无防伪标均为盗版　机工教育服务网：www.cmpedu.com

编　委　会

组　编

鸿图造价

主　编

杨霖华　赵小云

编　委

何长江　白庆海　任腾飞　赵　娜

田　丹　王　利　吴　帆　杨恒博

贾敬帅　张仪超　郭　琳

▶▶▶▶▶ 前言
PREFACE

当前，几乎所有工程从开工到竣工都要求全程预算，包括开工预算、工程进度拨款、工程竣工结算等，不管业主、施工单位，还是第三方造价咨询机构，都必须具备自己的核心预算人员，因此，工程造价专业人才的需求量非常大，发展机会较多。造价从业人员要想入行，重要的是积累经验，把工程建设、建筑行业现场实际经验和理论经验相结合，而实践经验的积累需要造价从业人员结合工程实际案例去细细分析总结，对所学的知识加以巩固。

本书主要采用案例的形式，以二维图和三维图相结合，一张图同时关联多张图，从而构成清晰的三维图，使读者对房屋中各个构件的印象不再模糊，对计算规则的理解更加深刻，同时也为以后软件的学习奠定良好的基础。为了让读者理解得更透彻，对重要知识点配有音频或视频讲解，更有海量的学习资料可以通过与编者联系而获取。二维和三维图的结合可降低读者的门槛，结合案例讲解清单工程量计算规则、图、工程量计算过程等，内容上做到了循序渐进，环环相扣，同时也做到了系统性和完整性的统一。

工程造价的前提是会识图和能读懂计算规则并进行算量，如何把这一步走得踏实，并学以致用，一直是很多造价从业人员的难题。市面上的造价类图书多之又多，让人眼花缭乱，读者很难选到适合自己的造价类图书，而要选择一本好书更是无从下手。

本书每章均进行了详细的划分，将知识点分门别类，有序进行讲解，以求最大程度上为读者提供有价值的学习资料。为了和读者进一步互动，编者将提供在线答疑服务。本书与同类书相比具有的显著特点如下：

(1) 对一个知识点采用多角度去剖析，不仅有书上的展示，还有配套资源。

(2) 二维图和现场图对应，平面和立体结合，配套资源，随时随地可学习。

(3) 系统的一站式学习，图片 + 计算 + 解析 + 注意事项。

(4) 网络图书答疑，在线提供答疑服务，不仅是一本书的收获，而且是一份信任的收获。

本书在编写过程中，得到了许多同行的支持与帮助，在此一并表示感谢。

由于编者水平有限加之时间紧迫，书中难免有错误和不妥之处，望广大读者批评指正。

如有疑问，可发邮件至 zjyjr1503@163.com 或加入 QQ 群 811179070 与编者联系。

编　者

目录
CONTENT

第1章 建筑面积

1.1 计算建筑面积部分

1.1.1 结构净高在2.10m以下

1. 概念

结构层高：楼面或地面结构层上表面至上部结构层上表面之间的垂直距离。

结构净高：楼面或地面结构层上表面至上部结构层下表面之间的垂直距离。

其示意图如图1-1所示。

2. 建筑面积计算规则

（1）对于形成建筑空间的坡屋顶，结构净高在2.10m及以上的部位应计算全面积；结构净高在1.20m及以上至2.10m以下的部位应计算1/2面积；结构净高在1.20m以下的部位不应计算建筑面积。

（2）对于场馆看台下的建筑空间，结构净高在2.10m及以上的部位应计算全面积；结构净高在1.20m及以上至2.10m以下的部位应计算1/2面积；结构净高在1.20m以下的部位不应计算建筑面积。

室内单独设置的有围护设施的悬挑看台，应按看台结构底板水平投影面积计算建筑面积。有顶盖无围护结构的场馆看台应按其顶盖水平投影面积的1/2计算面积。计算范围，如图1-2所示。

（3）窗台与室内楼地面高差在0.45m以下且结构净高在2.10m及以上的凸（飘）窗，应按其围护结构外围水平面积计算1/2面积。

（4）门廊应按其顶板的水平投影面积的1/2计算建筑面积；有柱雨篷应按其结构板水平投影面积的1/2计算建筑面积；无柱雨篷的结构外边线至外墙结构外边线的宽度在2.10m及以上的，应按雨篷结构板的水平投影面积的1/2计算建筑面积，如图1-3所示。

（5）围护结构不垂直于水平面的楼层，应按其底板面的外墙外围水平面积计算。结构净高在2.10m及以上

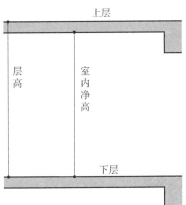

图1-1　结构层高、净高对比示意图

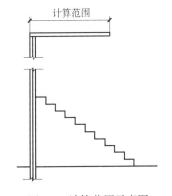

图1-2　计算范围示意图

的部位，应计算全面积；结构净高在 1.20m 及以上至 2.10m 以下的部位，应计算 1/2 面积；结构净高在 1.20m 以下的部位，不应计算建筑面积，如图 1-4 所示。

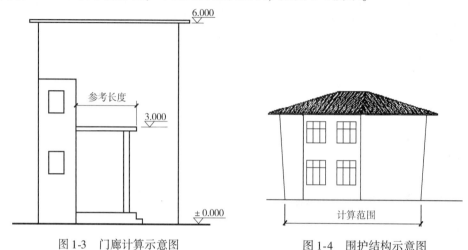

图 1-3　门廊计算示意图　　　　　图 1-4　围护结构示意图

（6）建筑物的室内楼梯、电梯井、提物井、管道井、通风排气竖井、烟道，应并入建筑物的自然层计算建筑面积。有顶盖的采光井应按一层计算面积，结构净高在 2.10m 及以上的，应计算全面积；结构净高在 2.10m 以下的，应计算 1/2 面积。

1.1.2　结构净高在 2.20m 以上

1. 建筑面积的计算规则

（1）单层建筑物的建筑面积，应按其外墙勒脚（图 1-5）以上结构外围水平面积计算，并应符合下列规定：

1）单层建筑物高度在 2.20m 及以上者应计算全面积；高度不足 2.20m 者应计算 1/2 面积。

2）利用坡屋顶内空间时净高超过 2.10m 的部位应计算全面积；净高在 1.20m 至 2.10m 的部位应计算 1/2 面积；净高不足 1.20m 的部位不应计算面积。

（2）单层建筑物内设有局部楼层者，局部楼层的二层及以上楼层，有围护结构的应按其围护结构外围水平面积计算，无围护结构的应按其结构底板水平面积计算。层高在 2.20m 及以上的应计算全面积；层高不足 2.20m 的应计算 1/2 面积。楼层如图 1-5 所示。

（3）多层建筑物首层应按其外墙勒脚以上结构外围水平面积计算；二层及以上楼层应按其外墙结构外围水平面积计算。层高在 2.20m 及以上的应计算全面积；层高不足 2.20m 的应计算 1/2 面积。

1）多层建筑物的建筑面积应按不同的层高分别计算。

2）层高是指上下两层楼面结构标高之间的垂直距离。

（4）多层建筑坡屋顶内和场馆看台下，当设计加以利用时，净高超过 2.10m 的部位应计算全面积；净高在 1.20m 至 2.10m 的部位应计算 1/2 面积；当设计不利用或室内净高不足 1.20m 时不应计算面积。

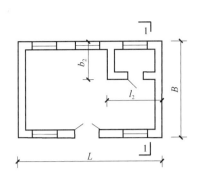 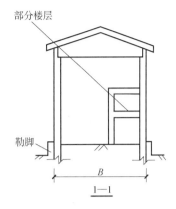

图 1-5 楼层示意图（一）

（5）地下室、半地下室（车间、商店、车站、车库、仓库等），包括相应的有永久性顶盖的出入口，应按其外墙上口（不包括采光井、外墙防潮层及其保护墙）外边线所围水平面积计算，如图 1-6 所示。层高在 2.20m 及以上者应计算全面积；层高不足 2.20m 者应计算 1/2 面积。

（6）坡地的建筑物吊脚架空层、深基础架空层，设计加以利用并有围护结构的，层高在 2.20m 及以上的部位应计算全面积；层高不足 2.20m 的部位应计算 1/2 面积，如图 1-7 所示。设计加以利用、无围护结构的建筑吊脚架空层，应按其利用部位水平面积的 1/2 计算；设计不利用的深基础架空层、坡地吊脚架空层、多层建筑坡屋顶内、场馆看台下的空间不应计算面积。

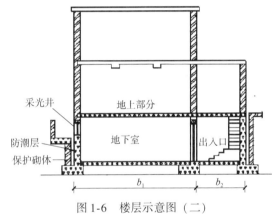

图 1-6 楼层示意图（二）

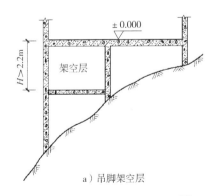 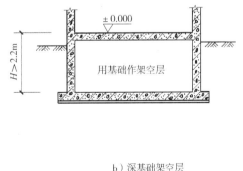

a）吊脚架空层　　　　　　　　　　b）深基础架空层

图 1-7 架空层示意图

（7）建筑物的门厅、大厅按一层计算建筑面积。门厅、大厅内设有回廊时，应按其结构底板水平面积计算。层高在 2.20m 及以上的应计算全面积；层高不足 2.20m 的应计算 1/2 面积。

（8）建筑物间有围护结构的架空走廊，应按其围护结构外围水平面积计算，如图 1-8 所示。层高在 2.20m 及以上的应计算全面积；层高不足 2.20m 的应计算 1/2 面积。有永久性顶盖无围护结构的应按其结构底板水平面积的 1/2 计算。

图 1-8　架空走廊示意图

（9）立体书库、立体仓库、立体车库，无结构层的应按一层计算，有结构层的应按其结构层面积分别计算。层高在 2.20m 及以上者应计算全面积；层高不足 2.20m 者应计算 1/2 面积。

（10）有围护结构的舞台灯光控制室，应按其围护结构外围水平面积计算。层高在 2.20m 及以上的应计算全面积；层高不足 2.20m 的应计算 1/2 面积。

（11）建筑物外有围护结构的落地橱窗、门斗、挑廊、走廊、檐廊，应按其围护结构外围水平面积计算。层高在 2.20m 及以上的应计算全面积；层高不足 2.20m 的应计算 1/2 面积。建筑物外围如图 1-9 所示。

（12）建筑物顶部有围护结构的楼梯间、水箱间、电梯机房等，结构层高在 2.20m 及以上的应计算全面积；结构层高不足 2.20m 的应计算 1/2 面积，如图 1-10 所示。

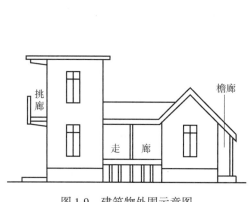

图 1-9　建筑物外围示意图

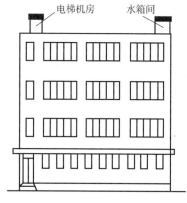

图 1-10　电梯机房示意图

（13）设有围护结构不垂直于水平面而超出底板外沿的建筑物，应按其底板面的外围水平面积计算。层高在 2.20m 及以上的应计算全面积；层高不足 2.20m 的应计算 1/2 面积。

（14）对于建筑物内的设备层、管道层、避难层等有结构层的楼层，结构层高在 2.20m 及以上的，应计算全面积；结构层高在 2.20m 以下的，应计算 1/2 面积。

2. 案例解读

【例 1-1】计算图 1-11 所示单层建筑的建筑面积。

【解】

建筑面积：$S = 45.24 \times 15.24 = 689.46 \text{m}^2$。

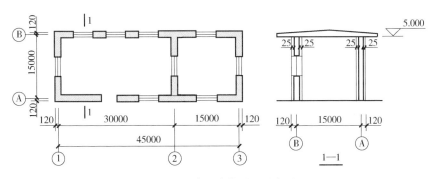

图 1-11　单层建筑平面示意图

【小贴士】式中：45.24 为外墙外边线的宽度；15.24 为外墙外边线的长度。

3. 注意事项

（1）建筑面积以勒脚以上外墙结构外边线计算，勒脚是墙根部很矮的一部分墙体加厚，不能代表整个外墙结构，因此要扣除勒脚墙体加厚的部分，勒脚如图 1-12 所示。

（2）单层建筑物应按不同的高度确定其面积的计算。其高度指室内地面标高至屋面板板面结构标高之间的垂直距离。遇有以屋面板找坡的平屋顶单层建筑物，其高度指室内地面标高至屋面板最低处板面结构标高之间的垂直距离。

（3）坡屋顶内建筑面积计算时将坡屋顶的建筑按不同净高确定其面积的计算。净高指楼面或地面至上部楼板底面或吊顶底面之间的垂直距离。

（4）建筑物最底层的层高，有基础底板的指基础底板上表面结构标高至上层楼面的结构标高之间的垂直距离；没有基础底板的指地面标高至上层楼面结构标高之间的垂直距离。

（5）最上一层的层高是指楼面结构标高至屋面板板面结构标高之间的垂直距离。以屋面板找坡的屋面，层高指楼面结构标高至屋面板最低处板面结构标高之间的垂直距离。

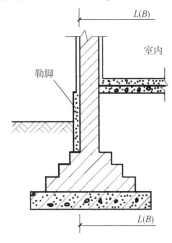

图 1-12　勒脚示意图

（6）多层建筑坡屋顶内和场馆看台下的空间应视为坡屋顶内的空间。设计加以利用时，按其净高确定其面积的计算；设计不利用的空间，不应计算建筑面积。

（7）地下室、半地下室应以其外墙上口外边线所围水平面积计算。"外墙上口"不是地下室、半地下室的上一层建筑的外墙。

（8）立体车库、立体仓库、立体书库不论是否有围护结构，均按是否有结构层来计算，计算时应区分不同的层高确定建筑面积计算的范围。

（9）如遇建筑物屋顶的楼梯间是坡屋顶，应按坡屋顶的相关条文计算面积。

（10）设有围护结构不垂直于水平面而超出底板外沿的建筑物是指向建筑物外倾斜的墙体，若遇有向建筑物内倾斜的墙体，应视为坡屋顶，应按坡屋顶有关条文计算面积。

1.2 不计算建筑面积部分

1. 概念

建筑面积，也称为建筑展开面积，是指建筑物各层面积的总和。建筑面积包括使用面积、辅助面积和结构面积。使用面积是指建筑物各层平面布置中可直接为生产或生活使用的净面积总和。居室净面积在民用建筑中，也称为居住面积。辅助面积是指建筑物各层平面布置中为辅助生产或生活所占净面积的总和。使用面积与辅助面积的总和称为有效面积。结构面积是指建筑物各层平面布置中的墙体、柱等结构所占面积的总和。

2. 建筑物其他部位建筑面积计算规则

（1）有永久性顶盖无围护结构的场馆看台应按其顶盖水平投影面积的 1/2 计算。"场馆"实质上是指"场"（如：足球场、网球场等）看台上有永久性顶盖部分。"馆"是有永久性顶盖和围护结构的，按单层或多层建筑相关规定计算面积。场馆看台如图 1-13 所示。

（2）建筑物内的室内楼梯间、电梯井、观光电梯井、提物井、管道井、通风排气竖井、垃圾道、附墙烟囱应按建筑物的自然层计算。

1）室内楼梯间的面积计算，应按楼梯依附的建筑物的自然层数计算，合并在建筑物面积内。

2）遇跃层建筑，其共用的室内楼梯应按自然层计算面积；上下两错层户室共用的室内楼梯，应选上一层的自然层计算面积，如图 1-14 所示。

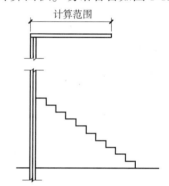

图 1-13 场馆看台计算示意图

（3）雨篷结构的外边线至外墙结构外边线的宽度超过 2.10m 者，应按雨篷结构板的水平投影面积的 1/2 计算。雨篷均以其宽度超过 2.10m 或不超过 2.10m 衡量，超过 2.10m 者应按雨篷的结构板水平投影面积的 1/2 计算。有柱雨篷和无柱雨篷计算应一致。

（4）有永久性顶盖的室外楼梯，应按建筑物自然层的水平投影面积的 1/2 计算。室外楼梯，最上层楼梯无永久性顶盖，或不能

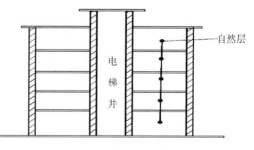

图 1-14 自然层示意图

完全遮盖楼梯的雨篷，上层楼梯不计算面积，上层楼梯可视为下层楼梯的永久性顶盖，下层楼梯应计算面积。

（5）建筑物的阳台面积均应按其水平投影面积的 1/2 计算。建筑物的阳台，不论是凹阳台、挑阳台（见图 1-15），还是封闭阳台、不封闭阳台，均按其水平投影面积的一半计算。

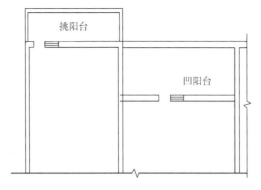

图1-15 阳台示意图

（6）有永久性顶盖无围护结构的车棚、货棚、站台、加油站、收费站等，应按其顶盖水平投影面积的1/2计算建筑面积，如图1-16所示。车棚、货棚、站台、加油站、收费站等，不以柱来确定面积的计算，而依据顶盖的水平投影来确定面积的计算。在车棚、货棚、站台、加油站、收费站内设有有围护结构的管理室、休息室等，另按相关条款计算面积。

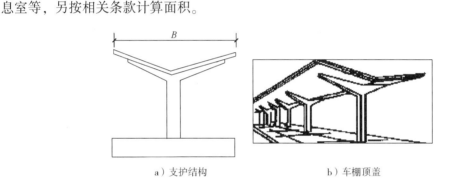

a）支护结构　　　　　　　　　b）车棚顶盖

图1-16 永久性顶盖无围护结构的车棚示意图

（7）高低联跨的建筑物，应以高跨结构外边线为界分别计算建筑面积；其高低跨内部连通时，其变形缝应计算在低跨面积内。高低联跨的建筑物，如图1-17所示。

（8）以幕墙作为围护结构的建筑物，应按幕墙外边线计算建筑面积。

（9）建筑物外墙外侧有保温隔热层的，应按保温隔热层外边线计算建筑面积。

（10）建筑物内的变形缝，应按其自然层合并在建筑物面积内计算。建筑物内的变形缝是与建筑物相连通的变形缝，即暴露在建筑物内，在建筑物内可以看得见的变形缝。

图1-17 高低联跨的建筑物示意图

3. 不计算建筑面积的范围

（1）建筑物通道（骑楼、过街楼的底层）。

（2）建筑物内的设备管道夹层。

（3）建筑物内分隔的单层房间，舞台及后台悬挂幕布、布景的天桥、挑台等。

（4）屋顶水箱、花架、凉棚、露台、露天游泳池。

（5）建筑物内的操作平台、上料平台、安装箱和罐体的平台。

（6）突出墙外的勒脚、附墙柱垛、台阶、墙面抹灰、装饰面、镶贴块料面层、装饰性幕墙、空调室外机搁板（箱）、飘窗、构件、配件，宽度在2.10m及以内的雨篷以及与建筑物内不相连通的装饰性阳台、挑廊等均不属于建筑结构，不应计算建筑面积。

（7）无永久性顶盖的架空走廊、室外楼梯和用于检修、消防等的室外钢楼梯、爬梯。

（8）自动扶梯、自动人行道。自动扶梯（斜步道滚梯），除两端固定在楼层板或梁之外，扶梯本身属于设备，为此扶梯不宜计算建筑面积。水平步道（滚梯）属于安装在楼板上的设备，不应单独计算建筑面积。

（9）独立烟囱、烟道、地沟、油（水）罐、气柜、水塔、贮油（水）池、贮仓、栈桥、地下人防通道、地铁隧道。

4. 案例解读

【例1-2】图1-18所示为某建筑标准层平面图，已知墙厚240mm，层高3.0m，求该建筑物标准层建筑面积。

【解】

房屋建筑面积：$S_1 = (3 + 3.6 + 3.6 + 0.12 \times 2) \times$
$(4.8 + 4.8 + 0.12 \times 2) +$
$(2.4 + 0.12 \times 2) \times (1.5 -$
$0.12 + 0.12)$
$= 102.73 + 3.96$
$= 106.69 \mathrm{m}^2$

阳台建筑面积：$S_2 = 0.5 \times (3.6 + 3.6) \times 1.5$
$= 5.4 \mathrm{m}^2$

则 $S = S_1 + S_2 = 112.09 \mathrm{m}^2$

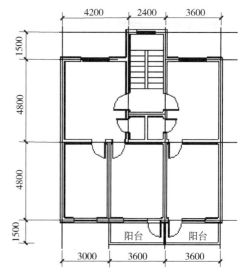

图1-18 标准层平面图

【小贴士】式中：

$3 + 3.6 + 3.6 + 0.12 \times 2$——外墙外边线的宽度；

$4.8 + 4.8 + 0.12 \times 2$——外墙外边线的长度（不含阳台长度）；

$2.4 + 0.12 \times 2$——楼梯间外墙外边线宽度；

$1.5 - 0.12 + 0.12$——楼梯间凸出建筑物外墙的长度；

$3.6 + 3.6$——阳台总长度；

1.5——阳台凸出建筑物外墙的长度。

第2章 土石方工程

2.1 单独土石方

2.1.1 挖单独土方

项目编码：010101001　　项目名称：挖单独土方

【例2-1】某施工现场要挖土方施工，现场工地如图2-1所示，土方挖深1.3m，长宽如图2-1所示，试求人工挖土方工程量。

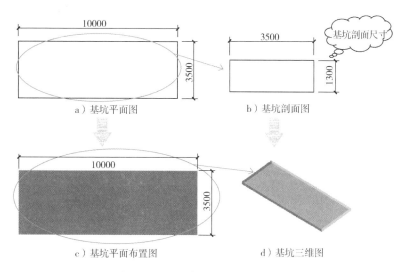

图 2-1　施工现场平面及三维示意图

【解】

1. 清单工程量计算规则
按设计图示尺寸以体积计算。
计量单位：m³。

2. 工程量计算
$V = 10 \times 3.5 \times 1.3 = 45.5 \text{m}^3$

式中：

1.3——挖土方深度；

10——挖土方长度；

3.5——挖土方宽度。

2.1.2 单独土方回填

项目编码：010101002　　项目名称：单独土方回填

【例2-2】某地方房屋建造进行回填施工，房屋建造如图2-2所示，场地回填土厚度300mm。室内回填土厚度200mm。试求场地回填、室内回填土工程量。

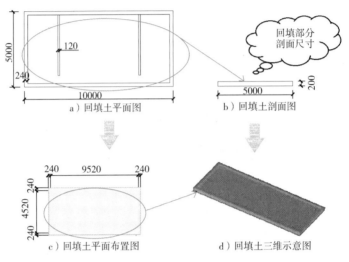

图2-2　室内回填平面及三维示意图

【解】

1. 清单工程量计算规则
按设计图示尺寸以体积计算。
计量单位：m^3。

2. 工程量计算

$$V_{场地回填土} = 10 \times 5 \times 0.3 = 15m^3$$

$$S_{室内回填土} = (10 - 0.24 - 0.24) \times (5 - 0.24 - 0.24)$$

$$= 9.52 \times 4.52 = 43.03m^2$$

$$V = 43.03 \times 0.2 = 8.61m^3$$

式中：

$(10 - 0.24 - 0.24) \times (5 - 0.24 - 0.24)$——室内净面积；

0.2——室内回填土的厚度。

2.2　基础土方

2.2.1 挖一般土方

项目编码：010102001　　项目名称：挖一般土方

【例2-3】某施工工地挖一般土方施工，如图2-3所示工地长度为12m，挖深1.2m，底宽 3.5m，试求挖一般土方工程量。

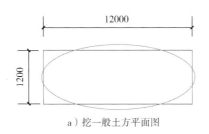

a）挖一般土方平面图

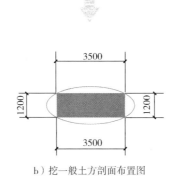

b）挖一般土方剖面布置图

图 2-3 某工程土方开挖平面及三维示意图

【解】

1. 清单工程量计算规则

按设计图示基础（含垫层）尺寸另加工作面宽度和土方放坡宽度，乘以开挖深度，以体积计算。

计量单位：m³。

式中：

1.2——挖土方深度；

12——挖土方长度；

3.5——挖土方宽度。

2. 工程量计算

$V = 12 \times 1.2 \times 3.5 = 50.4 \text{m}^3$

注意：挖一般土方量计算求其体积，注意面积计算，平面面积或者是截面面积。

2.2.2 挖地坑土方

项目编码：010102002   项目名称：挖地坑土方

【例 2-4】某基坑底平面尺寸如图 2-4 所示，坑深 5m，四边均按 1:0.4 的坡度放坡，坑深范围内箱形基础的体积为 2000m³，试求基坑开挖土方量。

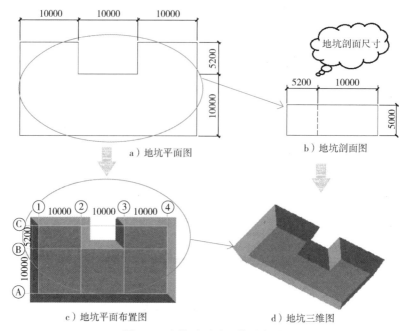

图 2-4 地坑平面及三维示意图

【解】

1. 清单工程量计算规则

按设计图示基础（含垫层）尺寸另加工作面宽度和土方放坡宽度，乘以开挖深度，以体积计算。

计量单位：m^3。

2. 工程量计算

坑底面积：$S_1 = 30 \times 15.2 - 10 \times 5.2$
$= 404 m^2$

坑面面积：$S_2 = (30 + 2 \times 2) \times (15.2 + 2 \times 2) - (10 - 2 \times 2) \times 5.2$
$= 34 \times 19.2 - 31.2$
$= 621.6 m^2$

$V_{开挖土} = H(S_1 + 4S_0 + S_2)/6$
$= 4.2 \times (404 + 4 \times 520 + 621.6)/6$
$= 2173.92 m^3$

$V_{回填土} = 2173.92 - 2000 = 173.92 m^3$

式中：

2173.92 - 2000——回填土方量。

注意：计算挖地坑土方量时减去图中不需要挖地坑的一部分，计算得出挖地坑体积。

2.2.3 挖沟槽土方

项目编码：010102003   项目名称：挖沟槽土方

【例 2-5】某沟槽的平面图和剖面图如图 2-5 所示，试计算其工程量。

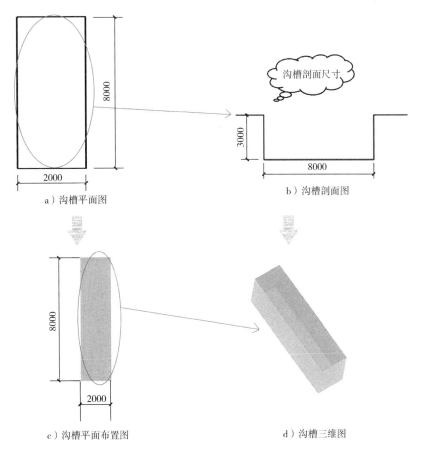

图 2-5 沟槽平面及三维示意图

【解】

1. 清单工程量计算规则

按设计图示沟槽长度乘以沟槽断面面积(包括工作面宽度和土方放坡宽度),以体积计算。

计量单位：m^3。

式中：

2.0——沟槽土方宽度；

3.0——开挖深度；

8.0——沟槽土方的长度。

2. 工程量计算

$V = 2.0 \times 8.0 \times 3.0 = 48.0 m^3$

2.2.4 挖桩孔土方

项目编码：010102004 项目名称：挖桩孔土方

【例 2-6】某施工现场采用冲击成孔打桩,已知泥浆护壁成孔灌入桩桩径 500mm,长

20m，共 40 根，桩顶标高 2m，如图 2-6 所示，试计算挖桩孔土方工程量。

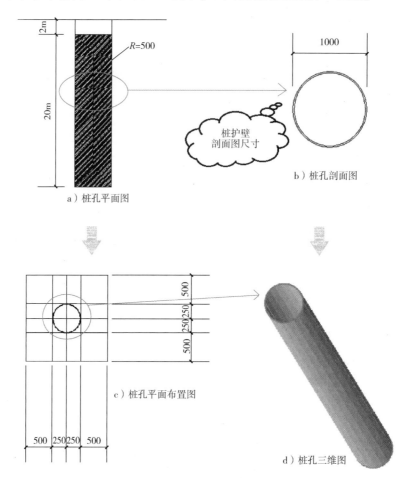

a）桩孔平面图

b）桩孔剖面图

c）桩孔平面布置图

d）桩孔三维图

图 2-6　桩孔平面及三维示意图

【解】

1. 清单工程量计算规则

独立基础的工程量按桩护壁外围设计断面面积乘以桩孔中心线深度，以体积计算。

计量单位：m³。

式中：

0.25——桩护壁外径半径；

20——桩护壁长度。

2. 工程量计算

$S = 3.14 \times 0.25^2 = 0.19625 \mathrm{m}^2$

$V = 0.19625 \times 20 \times 40 = 157 \mathrm{m}^3$

2.2.5　挖冻土

项目编码：010102005　　　项目名称：挖冻土

【例 2-7】某项目工程的地槽采用人工开挖，地槽全长 120m。混凝土垫层宽 1.0m。开挖深度 1.5m，土类型为冻土，放坡系数 K 为 0.25，地槽剖面图如图 2-7 所示，试求人工冻土开挖地槽工程量。

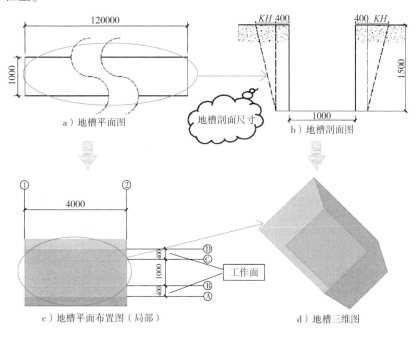

图 2-7　地槽挖冻土平面及三维示意图

【解】

1. 清单工程量计算规则

挖冻土的工程量按设计图示开挖面积乘以厚度，以体积计算。

计量单位：m^3。

式中：

1.0——地槽的宽度；

1.5——开挖的深度；

120——地槽的长度。

2. 工程量计算

$V = 1.0 \times 1.5 \times 120 = 180.0 m^3$

2.2.6　挖淤泥流砂

项目编码：010102006　　　项目名称：挖淤泥流砂

【例 2-8】某河道的开挖工程，如图 2-8 所示。河道长 6000m，放坡系数 $K = 0.33$，试根据图示尺寸计算人工挖淤泥工程量。

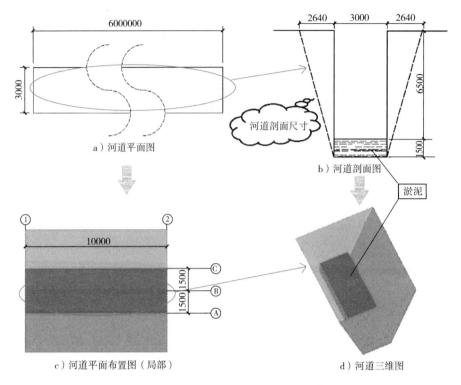

图 2-8　河道挖淤泥流砂平面及三维示意图

【解】

1. 清单工程量计算规则

独立基础的工程量按设计图示尺寸以体积计算。不扣除伸入承台基础的桩头所占体积。

计量单位：m³。

2. 工程量计算

$V = 3.0 \times 6000 \times 1.5 = 27000 \text{m}^3$

式中：

3.0——淤泥、流沙的底宽；

6000——河道长度；

1.5——淤泥、流沙的深度。

2.3　基础凿石及出渣

2.3.1　挖一般石方

项目编码：010103001　　项目名称：挖一般石方

【例2-9】某石方工程，开挖深度5m，全长6m，石方工程剖面图如图2-9所示，试计算其工程量。

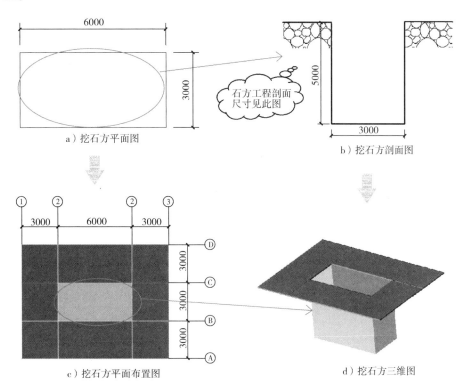

图 2-9 挖石方平面及三维示意图

【解】

1. 清单工程量计算规则

挖一般石方的工程量按设计图示基础(含垫层)尺寸,另加工作面宽度和允许超挖量,乘以开挖深度,以体积计算。

计量单位:m³。

式中:

3.0——石方底宽;

5.0——挖石方的深度;

6.0——挖石方总长度。

2. 工程量计算

$V = 3.0 \times 5.0 \times 6.0 = 90 \text{m}^3$

注意:底宽(设计图示垫层或基础的底宽,下同)≤3m 且底长 >3 倍底宽为沟槽;底长≤3 倍底宽且底面积≤20m² 为地坑;超出上述范围,又非平整场地的,为一般土石方。

2.3.2 挖地坑石方

项目编码：010103002   项目名称：挖地坑石方

【例2-10】某圆形基坑石方，挖石深度4m，基坑平面图如图2-10所示，试计算圆形地坑石方工程量。

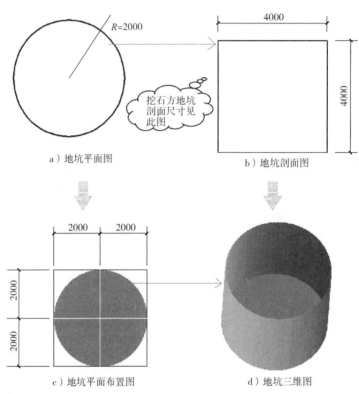

R=2000

4000

4000

挖石方地坑剖面尺寸见此图

a）地坑平面图   b）地坑剖面图

2000   2000

2000

2000

c）地坑平面布置图   d）地坑三维图

图2-10　圆形地坑平面及三维示意图

【解】

1. 清单工程量计算规则

挖地坑石方的工程量按设计图示基础(含垫层)尺寸，另加工作面宽度和允许超挖量，乘以开挖深度，以体积计算。

计量单位：m^3。

2. 工程量计算

$S_底 = 3.14 \times 2.0^2 = 12.56 m^2$

$V = 12.56 \times 4 = 50.24 m^3$

式中：

3.14——π的近似值；

2.0——地坑底面半径；

4——挖石深度；

注意：底长≤3倍底宽且底面积≤20m^2为地坑。

2.3.3 挖沟槽石方

项目编码：010103003   项目名称：**挖沟槽石方**

【例2-11】某工地采用挖掘机开挖一沟槽石方，已知开挖深度为1.6m，沟槽总长度为80m，沟槽剖面图如图2-11所示，开挖时放坡，求开挖沟槽石方工程量。

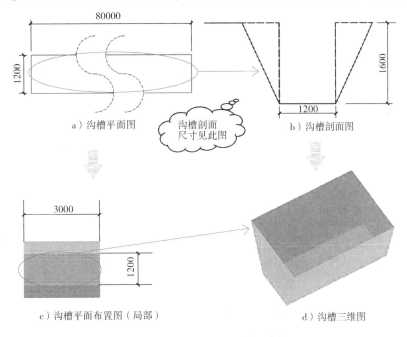

图2-11 沟槽平面及三维示意图

【解】

1. 清单工程量计算规则

挖沟槽石方的工程量按设计图示沟槽长度乘以沟槽断面面积(包括工作面宽度和允许超挖量)，以体积计算。

计量单位：m^3。

2. 工程量计算

$S_底 = 1.2 \times 80 = 96m^2$

$V = 96 \times 1.6 = 153.6m^3$

式中：

1.2——沟槽底的宽度；

1.6——沟槽深度；

80——沟槽长度。

注意：底宽（设计图示垫层或基础的底宽，下同）≤3m且底长>3倍底宽为沟槽。

2.3.4 挖桩孔石方

项目编码：010103004   项目名称：**挖桩孔石方**

【例2-12】某施工现场采用冲击成孔打桩，已知泥浆护壁成孔灌入桩桩径500mm，长

20m，共12根，桩顶标高2m，如图2-6所示，试计算挖桩孔石方工程量。

【解】

1. 清单工程量计算规则

独立基础的工程量按桩护壁外围设计断面面积乘以桩孔中心线深度，以体积计算。

计量单位：m^3。

➡

2. 工程量计算

$S = 3.14 \times 0.25^2 = 0.19625 m^2$

$V = 0.19625 \times 20 \times 12 = 47.1 m^3$

⬇

式中：

0.25——桩护壁外径半径；

20——桩护壁长度。

2.4 平整场地及其他

2.4.1 平整场地

项目编码：010104001　　　项目名称：平整场地

【例2-13】某人工平整场地如图2-12所示，试计算此平整场地的工程量（三类土）。

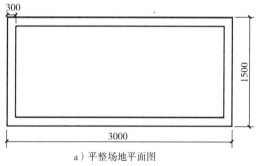

a）平整场地平面图

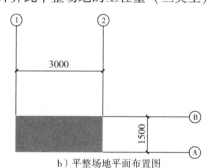

b）平整场地平面布置图

图2-12　场地平整平面示意图

【解】

1. 清单工程量计算规则

按设计图示尺寸，以建筑物（构筑物）首层建筑面积（结构外围内包面积）计算。

计量单位：m^2。

➡

2. 工程量计算

$S = 3.0 \times 1.5 = 4.5 m^2$

⬇

式中：

3.0——场地的长度；

1.5——场地的宽度。

注意：（1）平整场地，指建筑物（构筑物）所在现场厚度在±30cm以内的就地挖、填及平整。

（2）建筑物地下室结构外边线突出首层结构外边线时，其突出部分的建筑面积合并计算。

2.4.2　竣工清理

项目编码：010104002　　项目名称：竣工清理

【例2-14】某工程，基础部分采用独立基础，竣工后进行场地清理工作，试根据图2-5所提供图纸信息计算该工程竣工清理的工程量。

【解】

1. 清单工程量计算规则

独立基础的工程量按设计图示结构外围内包空间体积计算。

计量单位：m^3。

2. 工程量计算

$V = (2.0 + 2) \times (8.0 + 2) \times 3.0$
$= 120 m^3$

式中：

2.0——沟槽土方宽度；

8.0——沟槽土方的长度；

+2——建筑物（构筑物）内、外围四周2m范围；

3.0——开挖深度。

注意：竣工清理，指建筑物（构筑物）内、外围四周2m范围内建筑垃圾的清理、场内运输和场内指定地点的集中堆放，建筑物（构筑物）竣工验收前的清理、清洁等工作内容。

2.4.3　回填方

项目编码：010104003　　项目名称：回填方

【例2-15】图2-13为某建筑的平面图和剖面图，已知室内地面厚度为200mm，室外地坪以下砖基础体积为14.32m^3，混凝土垫层体积为2.79m^3，二类土，要求挖出的土方堆于槽边，回填土分层夯实，试计算各项工程量。

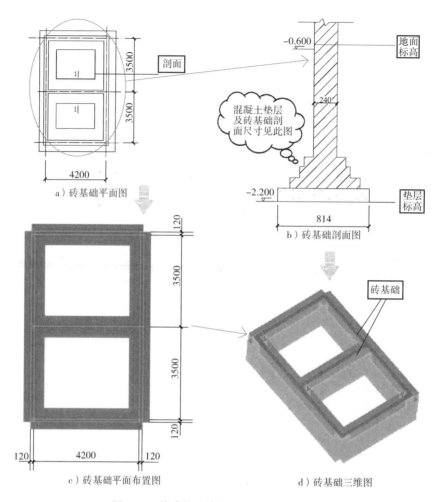

图 2-13　某建筑回填方平面及三维示意图

【解】

1. 清单工程量计算规则

场地回填的工程量按设计图示尺寸，以体积计算。

计量单位：m³。

2. 工程量计算

$V_{挖沟槽} = 0.814 \times [(-0.6)-(-2.2)] \times [(4.2+3.5\times2)\times2+(4.2-0.24)]$

$= 34.33\text{m}^3$

$V_{基础回填} = 34.33 - 14.32 - 2.79$

$= 17.22\text{m}^3$

式中：

$(-0.6)-(-2.2)$——土以下的高度。

注意：（1）基坑回填，按挖方体积减去设计室外地坪以下建筑物（构筑物）、基础（含垫层）的体积计算。

（2）管道沟槽回填，按挖方体积减去管道基础和表 2-1 管道折合回填体积计算。

（3）房心回填，按主墙间净面积（扣除单个底面积 2m² 以上的基础等）乘以回填厚度计算。

（4）场地回填，按回填面积乘以回填平均厚度计算。

表 2-1　管道折合回填体积　　　　　　　　　　（单位：m³/m）

管道	公称直径/mm					
	≤500	600	800	1000	1200	1500
混凝土、钢筋混凝土管道	0	0.33	0.60	0.92	1.15	1.45
其他管道	0	0.22	0.46	0.74	—	—

2.4.4　余方弃置

项目编码：010104004　　　项目名称：余方弃置

【例 2-16】某工程基础如图 2-14 所示，基础为桩承台，垫层为素混凝土垫层，垫层底

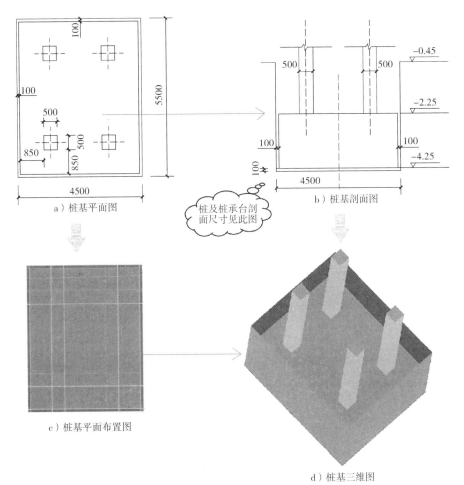

a）桩基平面图　　　　　　　b）桩基剖面图

c）桩基平面布置图

d）桩基三维图

图 2-14　基础平面及三维示意图

长、宽外边尺寸分别为4.5m和5.5m，厚为100mm。垫层顶标高为−4.25m，设计室外地坪标高为−0.45m。土壤类别为三类土，采用人工挖土。基础做完后，回填土移挖作填，回填土为人工夯实，余土人工装卸汽车外运3km。

问题：计算以下分项工程的清单工程量：

（1）挖土工程量；

（2）基础回填土工程量；

（3）弃土外运工程量。

【解】

1. 清单工程量计算规则

独立基础的工程量按实际堆积状态，以（自然方）体积计算。

计量单位：m^3。

2. 工程量计算

$$V_{挖土} = 4.5 \times 5.5 \times (4.25 - 0.45 + 0.1)$$
$$= 96.53 m^3$$
$$V_{回填土} = 96.53 - (4.5 \times 5.5 \times 0.1 + 4.3 \times 5.3 \times 2 + 0.5 \times 0.5 \times 1.8 \times 4)$$
$$= 46.68 m^3$$
$$V_{弃土} = 96.53 - 46.68 = 49.85 m^3$$

式中：

4.25 − 0.45 + 0.1——桩坑深度；

4.5 × 5.5 × 0.1——垫层体积。

第3章 基础工程

3.1 地基处理

3.1.1 换填垫层

项目编码：010201001　　　项目名称：换填垫层

【例 3-1】某小型商业楼工程，在 ±0.000 以下的条形基础，根据地质勘查报告在基础下部采用砂垫层，宽度为 1540mm，厚度为 200mm，如图 3-1 所示。试根据图示信息计算该工程换填垫层的工程量。

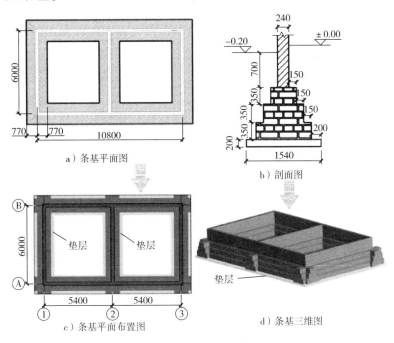

a）条基平面图

b）剖面图

c）条基平面布置图

d）条基三维图

图 3-1　换填垫层示意图

【解】

1. 清单工程量计算规则

换土垫层的工程量按设计图示尺寸以体积计算。

计量单位：m³。

➡

2. 工程量计算

$$V = (5.4 \times 4 + 6 \times 2 + 4.46) \times 1.54 \times 0.2$$
$$= (33.6 + 4.46) \times 1.54 \times 0.2$$
$$= 11.722 \text{m}^3$$

➡

式中：

 33.6——外圈中心线长度；

 4.46——2 轴线中心线净长度；

 1.54——垫层宽度；

 0.2——垫层厚度。

3.1.2　垫层加筋

  项目编码：010201002　　项目名称：垫层加筋

  【例3-2】某小型商业楼工程根据地质勘查报告采用条形基础，为满足承载力要求，采用钢筋带对垫层进行加筋，垫层宽度为 2020mm，厚 200mm，如图 3-2 所示。试根据图示信息计算该工程垫层加筋的工程量。

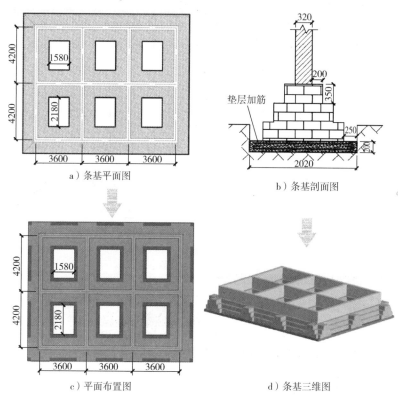

     a）条基平面图　　　　　　　　　　　　　　b）条基剖面图

     c）平面布置图　　　　　　　　　　　　　　d）条基三维图

图 3-2　垫层加筋示意图

【解】

1. 清单工程量计算规则

  按设计图示尺寸以面积计算。

  计量单位：m^2。

2. 工程量计算

$S = (4.2 \times 2 + 2.02) \times (3.6 \times 3 + 2.02) - (1.58 \times 2.18) \times 6$

$= (10.42 \times 12.82) - (1.58 \times 2.18) \times 6$

$= 112.918 m^2$

式中：

10.42——垫层加筋区域外边纵向长度；

12.82——垫层加筋区域外边横向长度；

2.18——内部无垫层加筋区域的纵向长度；

1.58——内部无垫层加筋区域的横向长度。

3.1.3 预压地基

项目编码：010201003　　项目名称：预压地基

【例3-3】 某市一新建工程，根据地质勘查报告得出，该地区土质为湿陷性黄土，为减少地基沉降量，采用砂井加载预压法对地基进行处理，如图3-3所示，处理范围为图中所示堆载预压区域。试根据图示信息计算该工程预压地基工程量。

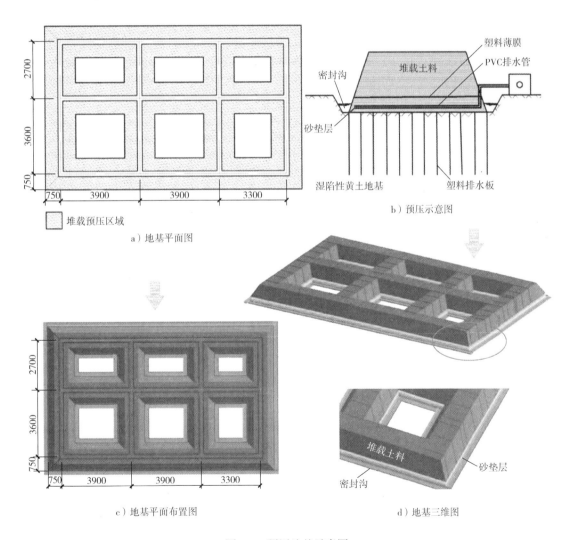

图3-3　预压地基示意图

【解】

1. 清单工程量计算规则
   按设计图示处理范围以面积计算。
   计量单位：m²。

2. 工程量计算
$$S = 98.28 - 10.08 - 7.2 - 2.16 - 3.78$$
$$= 75.06m^2$$

式中：

98.28——预压地基外边线所围成的矩形总面积；

10.08、7.2、2.16、3.78——预压地基处理范围内部空缺的面积。

3.1.4 强夯地基

项目编码：010201004　　　项目名称：强夯地基

【例3-4】某公司新建办公楼工程，坐落在湿陷性黄土层上，为满足地基承载力要求，对地基进行加固处理，设计采用强夯法进行夯实，以消除地基的湿陷性，减少沉降。如图3-4所示，试根据图示信息计算该工程强夯地基工程量。

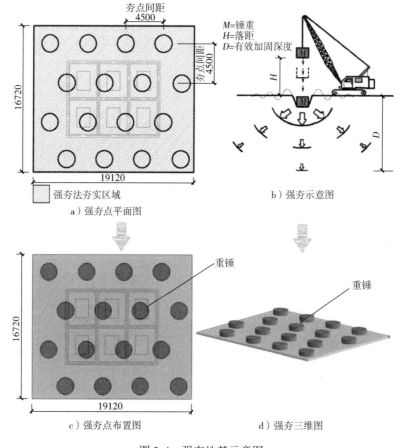

a）强夯点平面图

b）强夯示意图

c）强夯点布置图

d）强夯三维图

图3-4　强夯地基示意图

【解】

1. 清单工程量计算规则

强夯地基的工程量按设计图示处理范围以面积计算。

计量单位：m²。

2. 工程量计算

$S = 16.72 \times 19.12$

$\qquad = 319.686\text{m}^2$

式中：

19.12——强夯地基处理范围的横向长度；

16.72——强夯地基处理范围的纵向长度。

3.1.5 振冲密实地基（不填料）

项目编码：010201005　　项目名称：振冲密实地基（不填料）

【例 3-5】某建筑工程地基基础设计，要求使用振冲密实地基（不填料），处理范围如图 3-5 所示，并铺设 0.4m 厚土工合成材料，并进行机械压实。试计算该工程振冲密实地基（不填料）工程量。

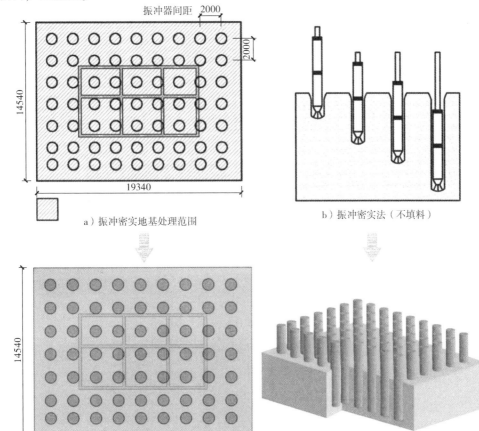

a) 振冲密实地基处理范围

b) 振冲密实法（不填料）

c) 振冲密实地基布置图

d) 振冲密实地基三维图

图 3-5 振冲密实地基（不填料）示意图

【解】

1. 清单工程量计算规则

振冲密实地基(不填料)的工程量按设计图示处理范围以面积计算。

计量单位：m²。

2. 工程量计算

$S = 14.54 \times 19.34 = 281.2 m^2$

式中：

19.34——振冲密实地基处理范围的横向边长；

14.54——振冲密实地基处理范围的纵向边长。

3.1.6 垫层

项目编码：010201006　　项目名称：垫层

【例3-6】某工厂新建办公大楼基础工程，设计采用条形基础，基础垫层混凝土强度等级为C10，垫层宽度为2120mm，垫层厚度为200mm，如图3-6所示。试根据图示信息计算该工程垫层的工程量。

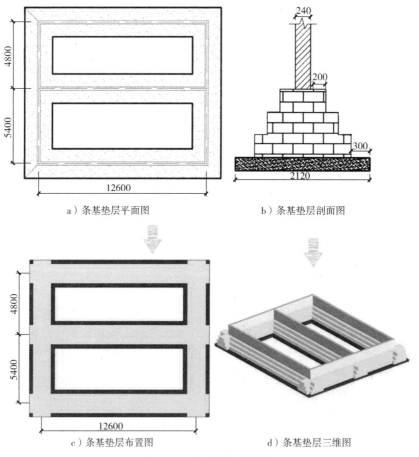

a）条基垫层平面图　　　　b）条基垫层剖面图

c）条基垫层布置图　　　　d）条基垫层三维图

图3-6　基础垫层示意图

【解】

1. 清单工程量计算规则

　　垫层的工程量按设计图示尺寸以体积计算。

　　计量单位：m³。

2. 工程量计算

$L = 4.8 + 5.4 + 12.6 = 22.8m$

$V = (22.8 + 10.48) \times 2.12 \times 0.2$
$= 14.11m^3$

式中：

22.8——外墙中心线长度；

10.48——中部净长；

2.12——垫层宽度；

0.2——垫层厚度。

3.2 基坑与边坡支护

3.2.1 地下连续墙

项目编码：010202001　　项目名称：地下连续墙

【例3-7】某市新建商业楼基坑与边坡支护工程，设计采用地下连续墙，工程示意图如图3-7所示。试根据图示信息计算该工程地下连续墙的工程量。

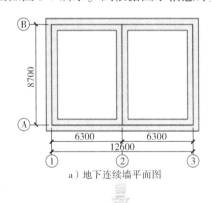

a）地下连续墙平面图

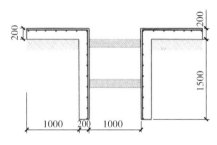

b）地下连续墙剖面图

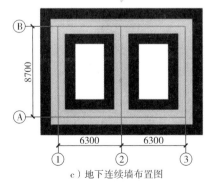

c）地下连续墙布置图

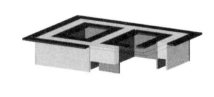

d）地下连续墙三维图

图3-7　地下连续墙示意图

【解】

1. 清单工程量计算规则

地下连续墙的工程量按设计图示墙中心线长乘以厚度乘以槽深以体积计算。

计量单位：m³。

2. 工程量计算

$$V = (42.6 + 7.7) \times 1 \times 1.7$$
$$= 85.51 m^3$$

式中：

42.6——外墙中心线长度；

7.7——中间墙净长；

1——槽宽1m；

1.7——槽深1.7m。

3.2.2 木质排桩

项目编码：010202002　　项目名称：木质排桩

【例3-8】某市新建商业楼基坑与边坡支护工程，木质排桩示意图如图3-8所示，试根据图示信息计算该工程木质排桩的工程量。

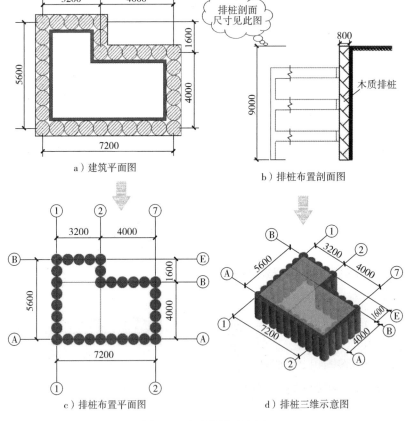

a）建筑平面图　　　　　　　　b）排桩布置剖面图

c）排桩布置平面图　　　　　d）排桩三维示意图

图3-8　木质排桩示意图

【解】

1. 清单工程量计算规则

按设计图示尺寸以桩长(包括桩尖)计算。

计量单位：m。

式中：

9——桩长；

32——桩数。

2. 工程量计算

$L = 9 \times 32 = 288 \mathrm{m}$

3.2.3 预制钢筋混凝土排桩

项目编码：010202003　　项目名称：预制钢筋混凝土排桩

【例3-9】某市新建商业楼基坑与边坡支护工程，预制钢筋混凝土排桩示意图如图3-9所示，试根据图示信息计算该工程预制钢筋混凝土排桩的工程量。

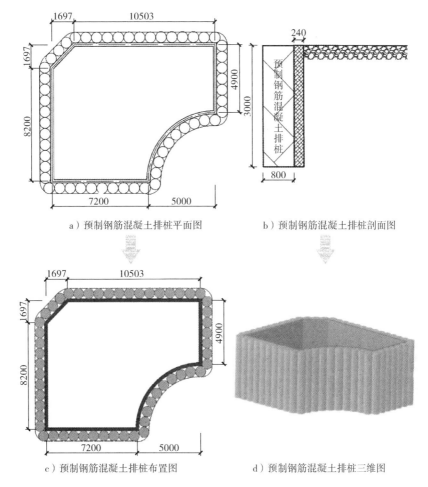

a) 预制钢筋混凝土排桩平面图　　　　b) 预制钢筋混凝土排桩剖面图

c) 预制钢筋混凝土排桩布置图　　　　d) 预制钢筋混凝土排桩三维图

图3-9　预制钢筋混凝土排桩示意图

【解】

1. 清单工程量计算规则
按设计图示尺寸以桩长（包括桩尖）计算。
计量单位：m。 ➡

2. 工程量计算
$L = 3 \times 55$
$= 165m$

⬇

式中：
3——桩长；
55——桩数。

注意：在进行预制钢筋混凝土排桩工程量的计算时，需要确认桩长及桩数，以避免因数据出现计算错误。

3.2.4 锚杆（锚索）

项目编码：010202004   项目名称：锚杆（锚索）

【例 3-10】某挡土墙墙高 8m，顶部宽度 3m，墙底宽度 5m。采用锚索进行加固，锚索采用 5 根 φ6mm 钢条拧成，成孔直径为 100mm，成孔深度均为 16m，预应力锚索倾斜角为 20°。采用预制混凝土面板，厚度为 120mm。挡土墙示意图如图 3-10 所示，试根据图示信息计算该工程锚索的工程量。

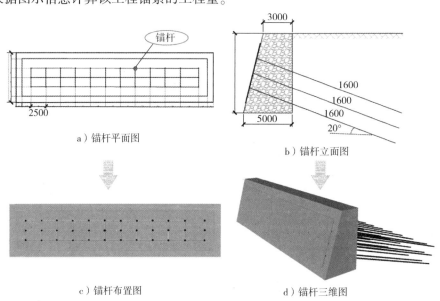

a）锚杆平面图

b）锚杆立面图

c）锚杆布置图

d）锚杆三维图

图 3-10　锚索示意图

【解】

1. 清单工程量计算规则
锚杆（锚索）的工程量按设计图示尺寸以钻孔深度计算。
计量单位：m。 ➡

2. 工程量计算
$L = 16 \times 91$
$= 1456m$

⬇

式中：

16——锚杆（锚索）钻孔深度；

91——总根数。

注意：在进行锚杆（锚索）的计算时，需要确认锚杆（锚索）数量，以钻孔深度计算。

3.2.5 土钉

项目编码：010202005 项目名称：土钉

【例 3-11】某市新建商业楼边坡支护工程，地层为带块石的碎石土，土钉成孔直径为 90mm，采用一根 HRB335 的钢筋作为杆体，成孔深度均为 10m，土钉入射倾斜角为 15°。混凝土面板采用水泥砂浆喷射，厚度为 120mm。边坡处理示意图如图 3-11 所示，试根据图示信息计算该工程土钉的工程量。

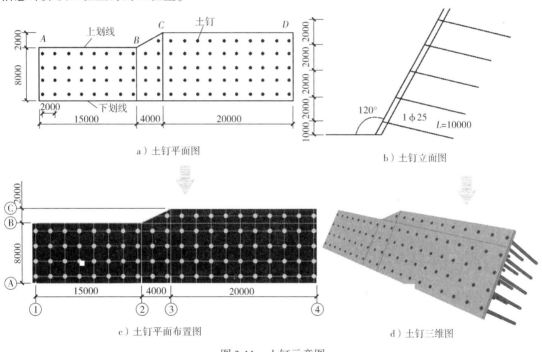

图 3-11 土钉示意图

【解】

1. 清单工程量计算规则

土钉的工程量按设计图示尺寸以钻孔深度计算。

计量单位：m。

式中：

10——图示尺寸的钻孔深度；

91——土钉数量。

2. 工程量计算

$L = 10 \times 91 = 910 \text{m}$

3.2.6 喷射混凝土、水泥砂浆

项目编码：010202006　　项目名称：喷射混凝土、水泥砂浆

【例3-12】某小型建筑物基坑进行边坡支护工程，边坡进行喷射混凝土加固，基坑尺寸如图 3-12 所示，边坡倾斜角度为 60°，厚度为 120mm，试根据图示信息计算该工程喷射混凝土的工程量。

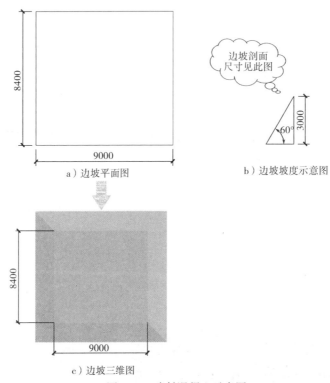

a）边坡平面图　　　　　　　b）边坡坡度示意图

c）边坡三维图

图 3-12　喷射混凝土示意图

【解】

1. 清单工程量计算规则

喷射混凝土、水泥砂浆的工程量按设计图示尺寸以面积计算。

计量单位：m^2。

2. 工程量计算

$S = 3/\sin60° \times (8.4 + 9.0) \times 2$
$= 120.551m^2$

式中：

$3/\sin60°$——基坑护壁斜边长度。

$(8.4 + 9.0) \times 2$——基坑周长。

3.2.7 钢筋混凝土支撑

项目编码：010202007　　项目名称：钢筋混凝土支撑

【例3-13】某市新建商业楼基坑与边坡支护工程，采用钢筋混凝土排桩进行支护，并使

用钢筋混凝土支撑（其中中心线长度为 125m），如图 3-13 所示。试根据图示信息计算该工程钢筋混凝土支撑的工程量。

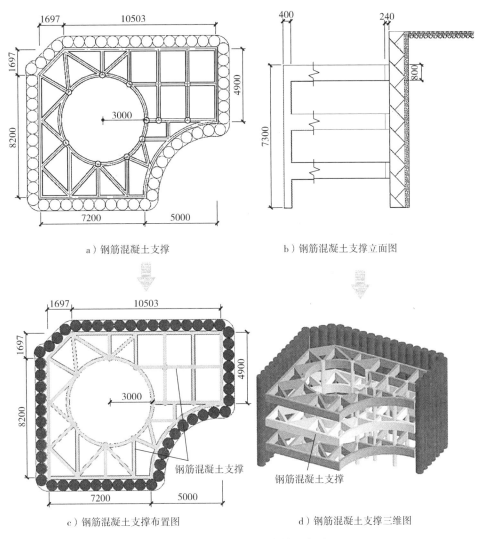

a）钢筋混凝土支撑

b）钢筋混凝土支撑立面图

c）钢筋混凝土支撑布置图

d）钢筋混凝土支撑三维图

图 3-13　钢筋混凝土支撑示意图

【解】

1. 清单工程量计算规则

钢筋混凝土支撑的工程量按设计图示尺寸以体积计算。

计量单位：m^3。

➡

2. 工程量计算

(1) 横向支撑：$V_1 = (0.24 \times 0.8) \times 125 \times 3$
$$= 72m^3$$

(2) 柱支撑：$V_2 = (3.14 \times 0.2^2) \times 7.3 \times 12$
$$= 11m^3$$

(3) 总工程量：$V = 72 + 11 = 83m^3$

⬇

式中：

（0.24×0.8）——横向支撑的截面面积；

（3.14×0.2²）——柱截面积。

3.3 预制桩

3.3.1 预制钢筋混凝土实心桩、空心桩

项目编码：010301001　　项目名称：预制钢筋混凝土实心桩

【例3-14】某工程采用预制钢筋混凝土实心桩，混凝土强度等级 C30，桩截面 400mm×400mm，桩长 12m，其示意图如图 3-14 所示。试根据图示信息计算该工程预制钢筋混凝土实心桩的工程量。

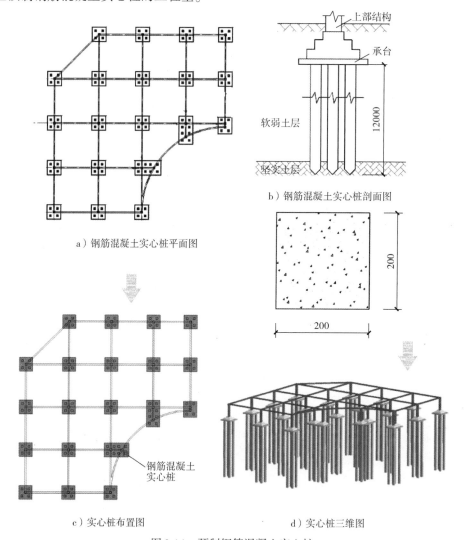

图 3-14　预制钢筋混凝土实心桩

【解】

1. 清单工程量计算规则

预制钢筋混凝土实心桩的工程量按设计图示截面面积乘以桩长(包括桩尖)以实体积计算。

计量单位：m^3。

式中：

0.4^2——桩截面；

12——桩长；

111——桩数。

➡

2. 工程量计算

$$V = 0.4^2 \times 12 \times 111$$
$$= 213.12m^3$$

⬇

3.3.2 钢管桩

项目编码：010301003   项目名称：钢管桩

【例 3-15】 某工程采用预制钢管桩（桩径 426mm，壁厚为 8mm，每米重量约为 82.97kg），钢管桩桩身长 6.6m，工程示意图如图 3-15 所示，试根据图示信息计算该工程钢管桩的工程量。

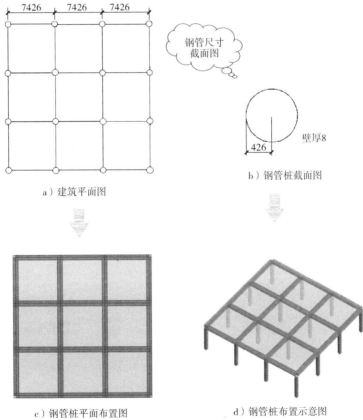

a）建筑平面图

b）钢管桩截面图

c）钢管桩平面布置图

d）钢管桩布置示意图

图 3-15 钢管桩示意图

【解】

1. 清单工程量计算规则

钢管桩的工程量按设计图示尺寸以质量计算。

计量单位：t。

式中：

6.6——桩长；

12——桩数。

2. 工程量计算

$W = 82.97 \times 6.6 \times 12$

$= 6571.224\text{kg}$

总质量：6571.224kg = 6.571t

3.3.3 型钢桩

项目编码：010301004   项目名称：型钢桩

【例3-16】某工程采用型钢桩，桩长12m，桩数共111根。工程示意图如图3-16所示，试根据图示信息计算该工程钢管桩的工程量。

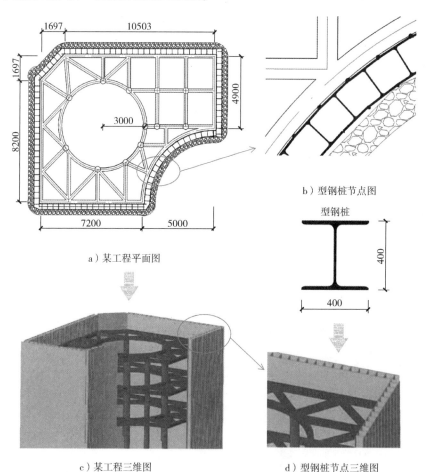

a）某工程平面图

b）型钢桩节点图

c）某工程三维图

d）型钢桩节点三维图

图3-16　型钢桩示意图

【解】

1. 清单工程量计算规则

型钢桩的工程量按设计图示尺寸以质量计算。

计量单位：t。

式中：

12——桩长；

111——桩数。

2. 工程量计算

$M = 172 \times 12 \times 111 = 229104kg$

总质量：229104kg = 229.1t

3.3.4　截（凿）桩头

项目编码：010301005　　项目名称：截（凿）桩头

【例3-17】某滨海别墅工程，因承载力不满足要求，需进行地基处理。桩径为400mm，桩体强度等级为C20，设计桩长10m，桩数为56根，预留0.5m保护桩长，挖土后凿除。桩端进入硬塑黏土层1.5m，桩顶在地面以下1.5m，采用振动沉管灌注桩施工，桩顶采用200mm厚人工级配砂石作为垫层，如图3-17所示。桩施工平面已给出，试根据图示信息计算该工程截（凿）桩头的工程量（桩头长度为500mm）。

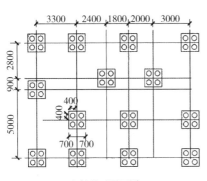

a）桩基础平面图

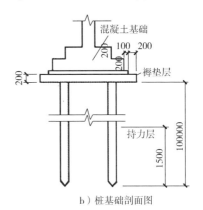

b）桩基础剖面图

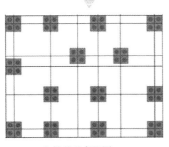

c）桩基础布置图

d）桩基础三维图

图 3-17　截（凿）桩头示意图

【解】

1. 清单工程量计算规则

截(凿)桩头的工程量按设计桩截面乘以桩头长度以体积计算。

计量单位：m^3。

2. 工程量计算

$V = (3.14 \times 0.2^2 \times 0.5) \times 56$
$= 3.517m^3$

式中：

$3.14 \times 0.2^2 \times 0.5$——桩头体积；

56——桩数。

3.4 灌注桩

3.4.1 泥浆护壁成孔灌注桩

项目编码：010302001   项目名称：泥浆护壁成孔灌注桩

【例3-18】内陆某市一新建建筑工程，土壤级别为一级，设计采用桩基础，桩基和承台的混凝土均为C30，灌注桩数量为12根，设计桩长4.5m，桩径300mm。工程施工时，自室外地坪钻孔，采用泥浆护壁，回旋钻机成孔。桩基示意图如图3-18所示，试根据图示信息计算该工程泥浆护壁成孔灌注桩的工程量。

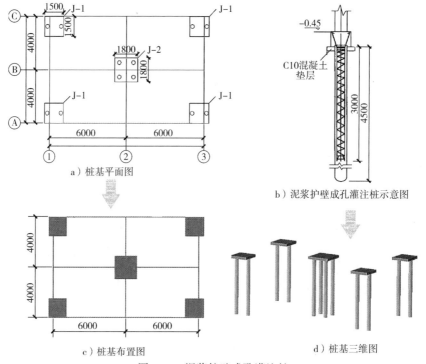

图3-18 泥浆护壁成孔灌注桩

【解】

1. 清单工程量计算规则

泥浆护壁成孔灌注桩的工程量按设计不同截面面积乘以其设计桩长以体积计算。

计量单位：m^3。

2. 工程量计算

$$V = 4.5 \times 3.14 \times 0.15^2 \times 12$$
$$= 3.815 m^3$$

$V =$ 设计桩长(包括桩尖，不扣除桩尖虚体积)乘以设计桩断面面积

式中：

4.5——设计桩长(包括桩尖，不扣除桩尖虚体积)；

3.14×0.15^2——设计桩断面面积。

3.4.2　沉管灌注桩

项目编码：010302002　　项目名称：沉管灌注桩

【例3-19】某市新建建筑工程，经地质勘探为湿陷性黄土地基，采用冲击沉管挤密灌注粉煤灰混凝土桩，设计桩长12m，共71根，混凝土强度等级C30。工程示意图如图3-19所示，试根据图示信息计算该工程沉管灌注桩的工程量。

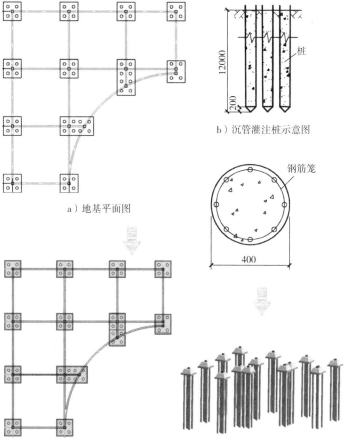

a) 地基平面图

b) 沉管灌注桩示意图

c) 地基布置图

d) 沉管灌注桩三维图

图3-19　沉管灌注桩

【解】

1. 清单工程量计算规则

沉管灌注桩的工程量按设计不同截面面积乘以其设计桩长以体积计算。

计量单位：m^3。

2. 工程量计算

$$V = 0.2^2 \times 3.14 \times 12 \times 71$$
$$= 107 m^3$$

式中：

$0.2^2 \times 3.14$——沉管灌注桩截面面积；

12——桩长；

71——桩数。

注意：在进行沉管灌注桩工程量的计算时，要确定桩截面面积，桩长包括桩尖的长度。

3.4.3 灌注桩后压浆

项目编码：010302004　　项目名称：灌注桩后压浆

【例3-20】某市新建建筑工程，经地质勘探为黄土地基，采用干作业机械成孔灌注桩，设计桩长12m，共71根，混凝土强度等级C30。试根据图3-19所给信息计算该工程灌注桩后压浆的工程量。

【解】

1. 清单工程量计算规则

灌注桩后压浆的工程量按设计不同截面面积乘以其设计桩长以体积计算。

计量单位：孔。

2. 工程量计算

$N = 71$ 孔

式中　71——灌注桩的孔数。

注意：在进行干灌注桩后压浆工程量的计算时，要准确确定桩数。

第4章 砌筑工程

4.1 砖砌体

4.1.1 砖基础

项目编码：010401001   项目名称：砖基础

【例4-1】图4-1为某建筑物外墙基础断面示意图，其外墙中心线长为136m，基础底标高为 -1.2m，根据图中数据计算砖基础清单工程量。

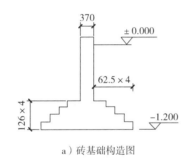

a）砖基础构造图

b）砖基础实物图

图4-1　砖基础示意图

【解】

1. 清单工程量计算规则

按设计图示尺寸以体积计算。

计量单位：m^3。

2. 工程量计算

$L_{砖基础} = 136m$

$S_{截面面积} = 0.126 \times 0.0625 \times 20 + 0.37 \times 1.2$

$= 0.6015m^2$

$V = 0.6015 \times 136 = 81.804m^3$

式中：

136——建筑物外墙中心线长；

$0.126 \times 0.0625 \times 2$——边长 0.126×0.0625 的小矩形面积，20 为小矩形总数量；

0.37×1.2——1.2m 长矩形截面面积；

0.6015×136——砖基础体积。

注意：包括附墙垛基础宽出部分体积，扣除地梁（圈梁）、构造柱所占体积，不扣除基础大放脚T形接头处的重叠部分及嵌入基础内的钢筋、铁件、管道、基础砂浆防潮层和单个面积≤0.3m²的孔洞所占体积，靠墙暖气沟的挑檐不增加。

基础长度：外墙按外墙中心线，内墙按内墙净长线计算。

4.1.2 实心砖墙

项目编码：010401002　　项目名称：实心砖墙

【例4-2】图4-2为某建筑物一层建筑平面及三维示意图，墙厚为240mm、墙高为4.8m，M1尺寸为1200mm×1800mm，M2尺寸为1800mm×2400mm，C1尺寸为1500mm×1800mm，根据图中数据试计算此建筑的实心砖墙体清单工程量。

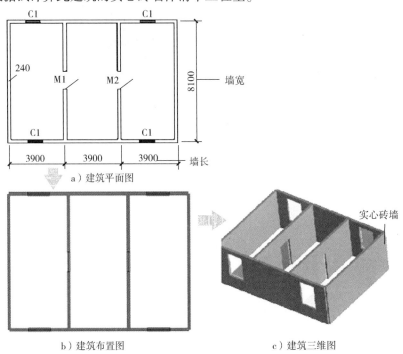

a）建筑平面图

b）建筑布置图　　　　　　c）建筑三维图

图4-2　建筑物一层建筑平面及三维示意图

【解】

1. 清单工程量计算规则

按设计图示尺寸以体积计算。

计量单位：m³。

2. 工程量计算

窗所占体积：$V_{C1} = 1.5 \times 1.8 \times 0.24 \times 4 = 2.59 \text{m}^3$

M1所占体积：$V_{M1} = 1.2 \times 1.8 \times 0.24 = 0.52 \text{m}^3$

M2所占体积：$V_{M2} = 1.8 \times 2.4 \times 0.24 = 1.04 \text{m}^3$

$V_{外墙} = (3.9 \times 6 + 8.1 \times 2) \times 0.24 \times 4.8 - 2.59 = 43.03 \text{m}^3$

$V_{内墙} = (8.1 \times 2 - 0.24 \times 2) \times 0.24 \times 4.8 - 0.52 - 1.04$
$= 16.55 \text{m}^3$

$V_{砖墙} = 43.03 + 16.55 = 59.58 \text{m}^3$

式中：

$3.9 \times 6 + 8.1 \times 2$——外墙总长度；

$8.1 \times 2 - 0.24 \times 2$——内墙净长；

$(3.9 \times 6 + 8.1 \times 2) \times 0.24 \times 4.8 - 2.59$——外墙扣除门窗洞体积；

$43.03 + 16.55$——实心砖墙总体积。

注意：扣除门窗、洞口、嵌入墙内的钢筋混凝土柱、梁、圈梁、挑梁、过梁及凹进墙内的壁龛、管槽、暖气槽、消火栓箱所占体积，不扣除梁头、板头、檩头、垫木、木楞头、沿缘木、木砖、门窗走头、砖墙内加固钢筋、木筋、铁件、钢管及单个面积≤0.3m^2的孔洞所占的体积。凸出墙面的腰线、挑檐、压顶、窗台线、虎头砖、门窗套的体积亦不增加。凸出墙面的砖垛并入墙体体积内计算。墙长度：外墙按中心线、内墙按净长计算。

4.1.3 多孔砖墙

项目编码：010401003　　项目名称：多孔砖墙

【例 4-3】 图 4-3 为某建筑物建筑平面图，墙厚为 240mm、墙高为 3m，门尺寸为 1300mm × 2000mm，窗尺寸为 1500mm × 1800mm，根据图中数据试计算此建筑的多孔砖墙清单工程量。

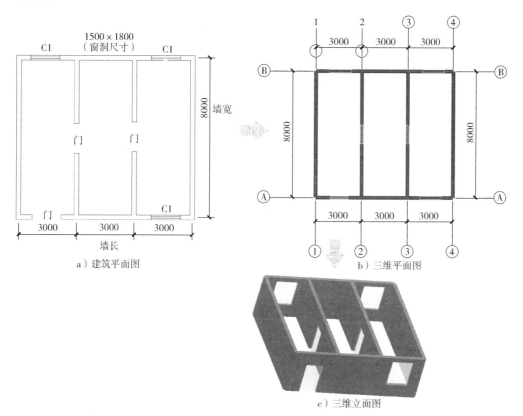

a）建筑平面图　　　　　　　b）三维平面图

c）三维立面图

图 4-3 某建筑物建筑平面及三维示意图

【解】

1. 清单工程量计算规则

按设计图示尺寸以体积计算。

计量单位：m^3。

2. 工程量计算

$V_{外墙} = 3 \times 3 \times 2 + 8 \times 2 \times 0.24 \times 3 - 1.5 \times 1.8 \times 0.24 \times 3 - 1.3 \times 2 \times 0.24 = 26.95 m^3$

$V_{内墙} = (8 - 0.24) \times 2 \times 0.24 \times 3 - 1.3 \times 2 \times 0.24 \times 2 = 9.93 m^3$

$V_{多孔砖墙} = 26.95 + 9.93 = 36.88 m^3$

式中：

$3 \times 3 \times 2 + 8 \times 2 \times 0.24 \times 3$——外墙总长度；

$1.5 \times 1.8 \times 0.24 \times 3$——外墙窗总体积；

$(8 - 0.24) \times 2$——内墙总长。

注意：除门窗、洞口、嵌入墙内的钢筋混凝土柱、梁、圈梁、挑梁、过梁及凹进墙内的壁龛、管槽、暖气槽、消火栓箱所占体积，不扣除梁头、板头、檩头、垫木、木楞头、沿缘木、木砖、门窗走头、砖墙内加固钢筋、木筋、铁件、钢管及单个面积≤0.3m²的孔洞所占的体积。凸出墙面的腰线、挑檐、压顶、窗台线、虎头砖、门窗套的体积亦不增加。凸出墙面的砖垛并入墙体体积内计算。

4.1.4 实心砖柱

项目编码：010401007　　项目名称：实心砖柱

【例4-4】某建筑平面及三维示意图如图4-4所示，建筑墙宽240mm，实心砖柱截面尺

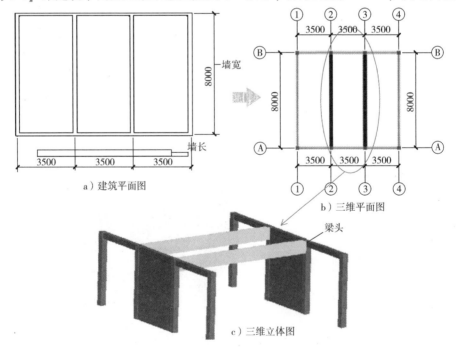

图4-4　建筑平面及三维示意图

寸为1000mm×1000mm的矩形建筑上与圈梁衔接的有两根梁，梁截面尺寸是220mm×350mm×240mm的矩形，高3m，试求砖柱的清单工程量。

【解】

1. 清单工程量计算规则
按设计图示尺寸以体积计算。
计量单位：m^3。

➡

2. 工程量计算
$V = 1 \times 1 \times 3 \times 8 - 0.22 \times 0.35 \times$
$\qquad 0.24 \times 4$
$\quad = 23.93 m^3$

⬇

式中：
$1 \times 1 \times 3 \times 8$——8根实心砖柱的体积；
$0.22 \times 0.35 \times 0.24$——梁头所占的体积。

注意：扣除混凝土及钢筋混凝土梁垫、梁头、板头所占体积。

4.1.5　多孔砖柱

项目编码：010401008　　项目名称：多孔砖柱

【例4-5】某建筑柱位平面及三维示意图如图4-5所示，柱子为多孔砖柱，截面尺寸为1200mm×1200mm的矩形，柱高2.8m。试求其清单工程量。

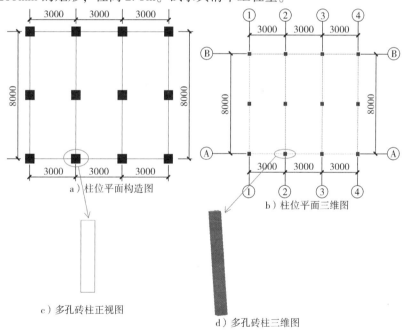

图4-5　某建筑柱位平面及三维示意图

【解】

1. 清单工程量计算规则
按设计图示尺寸以体积计算。
计量单位：m^3。

➡

2. 工程量计算
$V = 1.2 \times 1.2 \times 2.8 \times 16$
$\quad = 64.51 m^3$

⬇

式中：

1.2×1.2——多孔砖柱截面面积；

1.2×1.2×2.8——一根多孔砖柱体积。

注意：扣除混凝土及钢筋混凝土梁垫、梁头、板头所占体积。

4.1.6 零星砌砖

项目编码：010401010　　项目名称：零星砌砖

【例4-6】 图4-6为某建筑物室外台阶平面图，其中台阶宽为380mm，台阶长为2.8m；台阶挡墙宽为180mm，台阶挡墙长为1800mm，台阶挡墙高为1500mm，根据图中数据试计算零星砌砖室外台阶清单工程量。

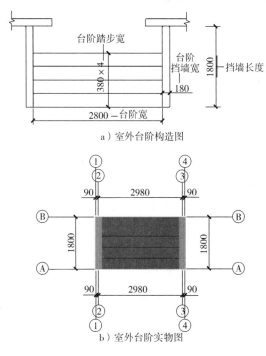

a）室外台阶构造图

b）室外台阶实物图

图4-6　某建筑物室外台阶平面示意图

【解】

1. 清单工程量计算规则

以立方米计量，按设计图示尺寸截面积乘以长度计算；

以平方米计量，按设计图示尺寸水平投影面积计算；

以米计量，按设计图示尺寸长度计算；

以个计量，按设计图示数量计算。

2. 工程量计算

$$S_{水平投影} = 2.8 \times 0.38 \times 4$$
$$= 4.26m^2$$
$$V = 0.18 \times 1.8 \times 1.5 \times 2$$
$$= 0.97m^3$$

式中：

0.38×4——台阶平面宽度。

4.1.7 砖散水、地坪

项目编码：010401011 **项目名称：砖散水、地坪**

【例 4-7】图 4-7 为某建筑物平面及三维示意图，墙厚为 240mm，此建筑物采用砖散水，散水宽为 0.6m，散水厚为 0.1m，根据图中数据试计算砖散水清单工程量。

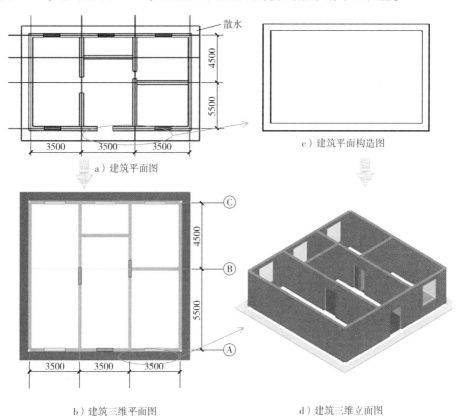

a）建筑平面图

c）建筑平面构造图

b）建筑三维平面图

d）建筑三维立面图

图 4-7 某建筑物平面及三维示意图

【解】

1. 清单工程量计算规则
按设计图示尺寸以面积计算。
计量单位：m^2。

2. 工程量计算
$$S = (3.5 \times 3 + 0.24 + 0.6 + 5.5 + 4.5 + 0.24 + 0.6) \times 2 \times 0.6$$
$$= 26.62 m^2$$

式中：

0.24——两边的墙厚总量；

3.5×3+0.24+0.6+5.5+4.5+0.24+0.6——散水总长度。

4.1.8 砖地沟、明沟

项目编码：010401012   项目名称：砖地沟、明沟

【例4-8】图4-8为某砖地沟示意图，地沟长为180m，底板厚为0.24m、宽为1.8m，地沟墙高为0.9m、墙宽为240mm，根据图中数据试计算砖地沟清单工程量。

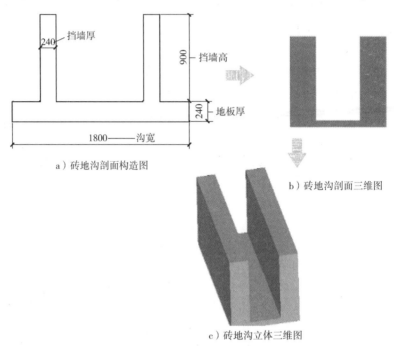

a）砖地沟剖面构造图

b）砖地沟剖面三维图

c）砖地沟立体三维图

图4-8　砖地沟示意图

【解】

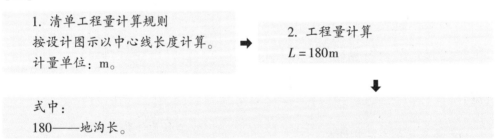

1. 清单工程量计算规则
按设计图示以中心线长度计算。
计量单位：m。

2. 工程量计算
$L = 180\text{m}$

式中：
180——地沟长。

4.1.9 贴砌砖墙

项目编码：010401013   项目名称：贴砌砖墙

【例4-9】图4-9为车库贴砌砖墙平面及剖面示意图，贴砌砖墙施工车库墙高3.5m，贴砌砖墙厚120mm，试求其工程量。

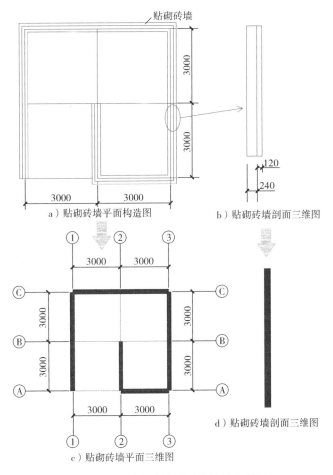

图 4-9 贴砌砖墙平面及剖面示意图

【解】

1. 清单工程量计算规则
按设计图示尺寸以体积计算。
计量单位：m³。

2. 工程量计算
$V = 3 \times 8 \times 0.12 \times 3.5$
$= 10.08 \text{m}^3$

式中：
3×8——贴砌砖墙长度。

4.2 砌块砌体

4.2.1 砌块墙

项目编码：010402001   项目名称：砌块墙

【例 4-10】图 4-10 为某一建筑物的平面图，该建筑物的净高为 5m，填充墙厚为 0.24m，根据图中数据试计算此砌块墙的清单工程量。

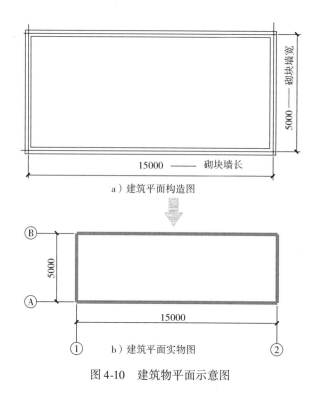

图 4-10 建筑物平面示意图

【解】

1. 清单工程量计算规则

按设计图示尺寸以体积计算。

计量单位：m^3。

2. 工程量计算

$V = (15 + 15 + 5 + 5) \times 0.24 \times 5$
$= 48 m^3$

式中：

$15 + 15 + 5 + 5$——砌块墙的总长度；

$(15 + 15 + 5 + 5) \times 0.24 \times 5$——砌块墙的体积。

注意：扣除门窗、洞口、嵌入墙内的钢筋混凝土柱、梁、圈梁、挑梁、过梁及凹进墙内的壁龛、管槽、暖气槽、消火栓箱所占体积，不扣除梁头、板头、檩头、垫木、木楞头、沿缘木、木砖、门窗走头、砖墙内加固钢筋、木筋、铁件、钢管及单个面积 ≤0.3m² 的孔洞所占的体积。凸出墙面的腰线、挑檐、压顶、窗台线、虎头砖、门窗套的体积亦不增加。凸出墙面的砖垛并入墙体体积内计算。

4.2.2 砌块柱

项目编码：010402002   项目名称：砌块柱

【例 4-11】某建筑柱位平面及三维示意图如图 4-11 所示，柱子为多孔砖柱，截面尺寸为 1500mm×1500mm 的矩形，柱高 3m。试求其清单工程量。

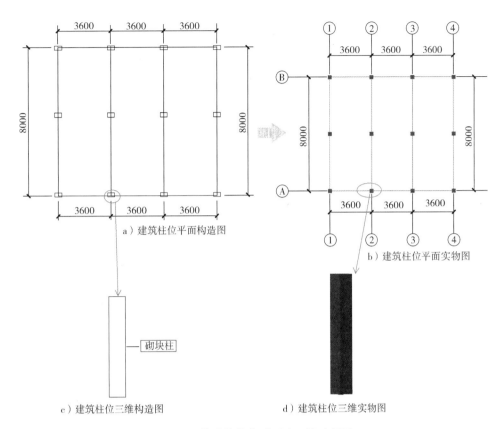

图 4-11　某建筑柱位平面及三维示意图

【解】

1. 清单工程量计算规则

按设计图示尺寸以体积计算。

计量单位：m^3。

2. 工程量计算

$V = 1.5 \times 1.5 \times 3 \times 12$

$= 81 m^3$

式中：

1.5×1.5——多孔砖柱截面面积；

$1.5 \times 1.5 \times 3$——一根多孔砖柱体积。

注意：扣除混凝土及钢筋混凝土梁垫、梁头、板头所占体积。

4.3　石砌体

4.3.1　石基础

项目编码：010403001　　项目名称：石基础

【例 4-12】图 4-12 为某建筑物外墙基础断面示意图，其外墙中心线长为 96m，石基础底标高为-1.240m，砖基础底标高为-0.240m，根据图中数据试计算石基础清单工程量。

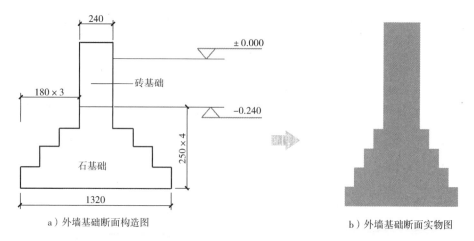

a) 外墙基础断面构造图   b) 外墙基础断面实物图

图4-12 建筑物外墙基础断面示意图

【解】

1. 清单工程量计算规则
按设计图示尺寸以体积计算。
计量单位：m^3。

2. 工程量计算
$L_{中心线} = 96m$
$$S_{截面面积} = 0.25 \times 0.18 \times 12 + 0.24 \times 1$$
$$= 0.78m^2$$
$$V = 0.78 \times 96$$
$$= 74.88m^3$$

式中：
$0.25 \times 0.18 \times 12$——$0.25m \times 0.18m$ 的小矩形共12个。

注意：包括附墙垛基础宽出部分体积，不扣除基础砂浆防潮层及单个面积≤0.3m²的孔洞所占体积，靠墙暖气沟的挑檐不增加体积。基础长度：外墙按外墙中心线，内墙按净长线计算。

4.3.2 石勒脚

项目编码：010403002   **项目名称：石勒脚**

【例4-13】图4-13为某民用建筑物一层平面及三维示意图，图中轴3、轴4中门宽2m，墙体采用实心砖，墙厚为240mm，勒脚采用花岗石砌筑，勒脚宽为360mm，勒脚高为750mm，根据图中数据试计算石勒脚清单工程量。

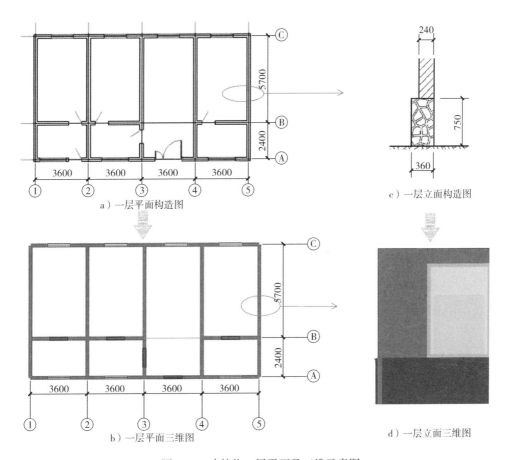

a）一层平面构造图

c）一层立面构造图

b）一层平面三维图

d）一层立面三维图

图 4-13　建筑物一层平面及三维示意图

【解】

1. 清单工程量计算规则
按设计图示尺寸以体积计算。
计量单位：m³。　➡

2. 工程量计算

$$V = [(3.6 \times 4 + 0.24 + 2.4 + 5.7 + 0.24) \times 2 - 2] \times 0.36 \times 0.75$$
$$= 11.87 \text{m}^3$$

⬇

式中：

$(3.6 \times 4 + 0.24 + 2.4 + 5.7 + 0.24) \times 2$——外墙总长度。

注意：扣除单个面积 >0.3m² 的孔洞所占的体积。

4.3.3　石墙

项目编码：010403003　　项目名称：石墙

【例 4-14】图 4-14 为某围墙平面图，墙厚为 360mm、墙高为 4.8m，根据图中数据试计算此围墙清单工程量。

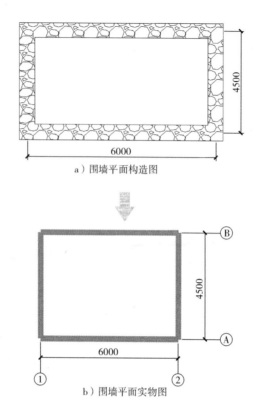

a) 围墙平面构造图

b) 围墙平面实物图

图 4-14　围墙平面示意图

【解】

1. 清单工程量计算规则
按设计图示尺寸以体积计算。
计量单位：m³。

2. 工程量计算
$V = (6 + 4.5) \times 2 \times 0.36 \times 4.8$
$= 36.29 \text{m}^3$

式中：
(6 + 4.5) × 2——外墙总长度；
(6 + 4.5) × 2 × 0.36——墙平面面积。

　　注意：扣除门窗、洞口、嵌入墙内的钢筋混凝土柱、梁、圈梁、挑梁、过梁及凹进墙内的壁龛、管槽、暖气槽、消火栓箱所占体积，不扣除梁头、板头、檩头、垫木、木楞头、沿缘木、木砖、门窗走头、砖墙内加固钢筋、木筋、铁件、钢管及单个面积≤0.3m²的孔洞所占的体积。凸出墙面的腰线、挑檐、压顶、窗台线、虎头砖、门窗套的体积亦不增加。凸出墙面的砖垛并入墙体体积内计算。

4.3.4　石挡土墙

　　项目编码：010403004　　　项目名称：石挡土墙
　　【例 4-15】图 4-15 所示为全长 100m 的毛石挡土墙，试求其工程量。

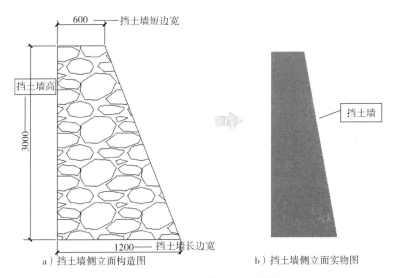

a）挡土墙侧立面构造图　　　　　b）挡土墙侧立面实物图

图 4-15　挡土墙侧立面示意图

【解】

1. 清单工程量计算规则

按设计图示尺寸以体积计算。

计量单位：m^3。

2. 工程量计算

$$V = (1.2 + 0.6) \times 3 \div 2 \times 100$$
$$= 270 m^3$$

式中：

$(1.2 + 0.6) \times 3 \div 2$——挡土墙梯形截面面积。

4.3.5　石柱

项目编码：010403005　　项目名称：石柱

【例 4-16】某酒店大门前有一雨篷，四周有 4 根石柱如图 4-16 所示，石柱高 3m，试求其工程量。

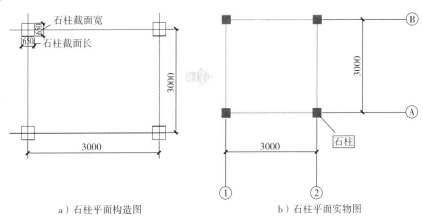

a）石柱平面构造图　　　　　　b）石柱平面实物图

图 4-16　石柱平面示意图

【解】

1. 清单工程量计算规则
按设计图示尺寸以体积计算。
计量单位：m³。

➡

2. 工程量计算
$V = 0.65 \times 0.65 \times 3 \times 4$
$= 5.07\text{m}^3$

⬇

式中：
$0.65 \times 0.65 \times 3$——一根石柱体积；
$0.65 \times 0.65 \times 3 \times 4$——石柱总工程量。

4.3.6 石栏杆

项目编码：010403006   项目名称：石栏杆

【例4-17】如图4-17所示，某河道上有一正方形石护栏，试求其工程量。

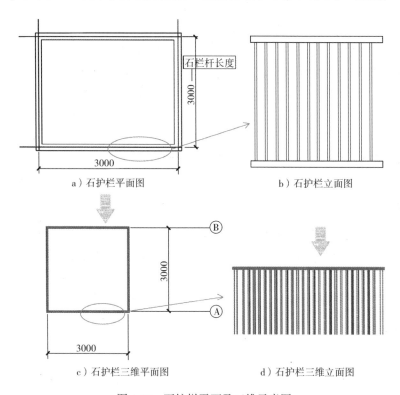

a）石护栏平面图   b）石护栏立面图

c）石护栏三维平面图   d）石护栏三维立面图

图4-17 石护栏平面及三维示意图

【解】

1. 清单工程量计算规则
按设计图示以长度计算。
计量单位：m。

➡

2. 工程量计算
$L = 3 + 3 + 3 + 3$
$= 12\text{m}$

⬇

式中：

按设计图示以长度计算。

4.3.7　石台阶

项目编码：010403008　　项目名称：石台阶

【例4-18】如图4-18所示，某步行街一处休息室外有一平台，平台有三级石台阶，墙宽200mm，试求其工程量。

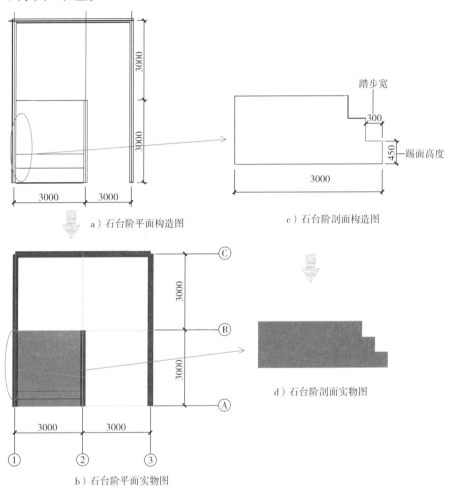

a）石台阶平面构造图

c）石台阶剖面构造图

b）石台阶平面实物图

d）石台阶剖面实物图

图4-18　石台阶平面及剖面示意图

【解】

1. 清单工程量计算规则

按设计图示尺寸以体积计算。

计量单位：m³。

2. 工程量计算

$V = (0.3 + 0.3 \times 4) \times 0.45 \times 4 \div 2 \times (3 - 0.2) + 0.3 \times 0.45 \div 2 \times (3 - 0.2) \times 3$
$= 4.35\text{m}^3$

式中：

将石台阶剖面图分为一个梯形和三个三角形。

0.3×4——梯形的下底面积；

0.45×4——梯形的高；

$3 - 0.2$——台阶的长度；

$0.3 \times 0.45 \div 2$——三角形底面积。

4.3.8 石坡道

项目编码：010403009   项目名称：石坡道

【例4-19】 如图4-19所示，超市后门有一道斜坡用来推车，求石坡道工程量。

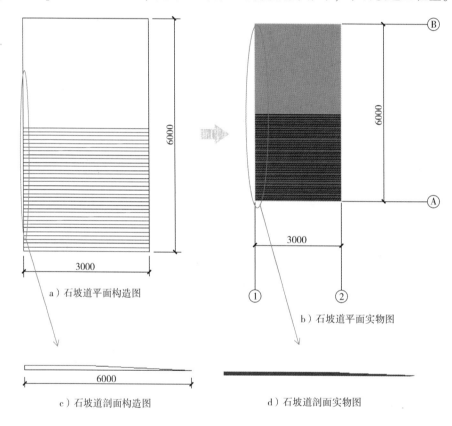

a）石坡道平面构造图

b）石坡道平面实物图

c）石坡道剖面构造图

d）石坡道剖面实物图

图4-19 石坡道平面及剖面示意图

【解】

1. 清单工程量计算规则

按设计图示以水平投影面积计算。

计量单位：m^2。

2. 工程量计算

$S = 3 \times 6$

$= 18 m^2$

式中：

3×6——坡道投影面积。

4.3.9 石地沟、明沟

项目编码：010403010   项目名称：石地沟、明沟

【例4-20】 如图4-20所示，某建筑物旁有一条石地沟，试求其工程量。

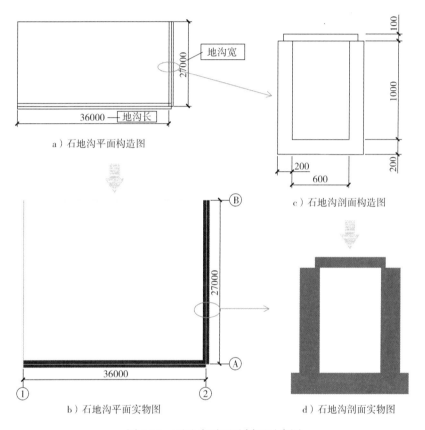

a）石地沟平面构造图

c）石地沟剖面构造图

b）石地沟平面实物图

d）石地沟剖面实物图

图4-20 石地沟平面及剖面示意图

【解】

1. 清单工程量计算规则
按设计图示以中心线长度计算。
计量单位：m。

2. 工程量计算
$L = 36 + 27$
$= 63m$

式中：

36＋27——图示中心线长度。

4.4 轻质墙板

项目编码：010404001　　项目名称：轻质墙板

【例4-21】如图4-21所示，某超市采用轻质墙做一间储藏室。墙高3m，预留宽0.8m进出口，试求轻质墙工程量。

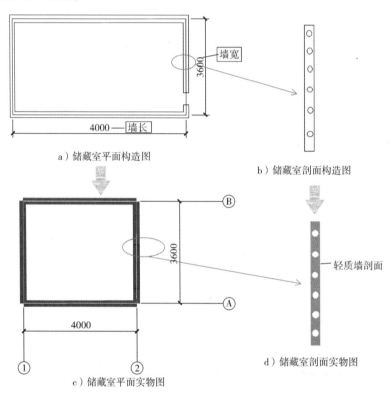

a）储藏室平面构造图

b）储藏室剖面构造图

c）储藏室平面实物图

d）储藏室剖面实物图

图4-21　储藏室平面及剖面示意图

【解】

1. 清单工程量计算规则
按设计图示尺寸以面积计算。
计量单位：m²。

➡

2. 工程量计算
$S = (4+3.6) \times 2 \times 3 - 0.8 \times 3$
$= 43.2 \text{m}^2$

式中：
$(4+3.6) \times 2$——轻质墙长度；
0.8×3——预留口面积。

第5章 混凝土与钢筋混凝土工程

5.1 现浇混凝土构件

5.1.1 独立基础

项目编码：010501001　　项目名称：独立基础

【例5-1】某工程，基础部分采用混凝土独立基础，独立基础相关信息如图5-1所示，试根据图纸信息计算该工程独立基础的工程量。

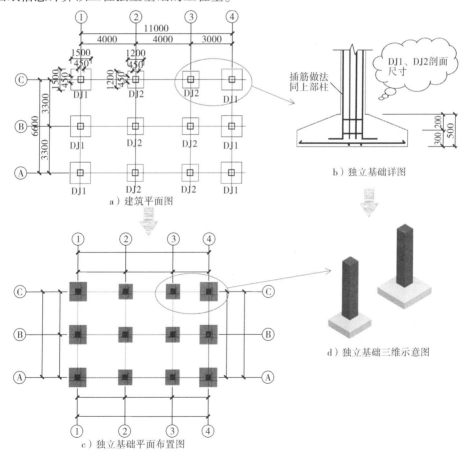

图 5-1　独立基础

【解】

1. 清单工程量计算规则

按设计图示尺寸以体积计算。

计量单位：m^3。

$\rightarrow$

2. 工程量计算

$V_{DJ1} = 1.5^2 \times 0.3 + [0.45^2 + 1.5^2 + (0.45^2 \times 1.5^2)^{1/2}] \times 0.2 \times 1/3$

$= 0.8835 m^3$

$V_{DJ2} = 1.2^2 \times 0.3 + [0.45^2 + 1.2^2 + (0.45^2 \times 1.5^2)^{1/2}] \times 0.2 \times 1/3$

$= 0.5865 m^3$

$V_{总} = (0.8835 + 0.5865) \times 6$

$= 8.82 m^3$

$\downarrow$

式中：

1.5^2——DJ1 四棱台下表面面积；

0.45^2——DJ1、DJ2 四棱台上表面面积；

1.2^2——DJ2 四棱台下表面面积；

6——DJ1、DJ2 的个数；

$[0.45^2 + 1.5^2 + (0.45^2 \times 1.5^2)^{1/2}] \times 0.2 \times 1/3$——DJ1 四棱台体积；

$[0.45^2 + 1.2^2 + (0.45^2 \times 1.5^2)^{1/2}] \times 0.2 \times 1/3$——DJ2 四棱台体积。

注意：不扣除伸入承台基础的桩头所占体积。与筏形基础一起浇筑的，凸出筏形基础下表面的其他混凝土构件的体积，并入相应筏形基础体积内。

【例 5-2】某工程，基础部分采用混凝土独立基础，独立基础相关信息如图 5-2 所示，试根据图纸信息计算该工程独立基础的工程量。

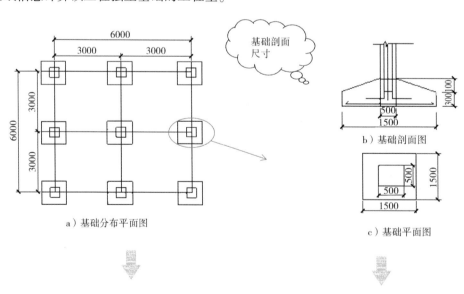

a）基础分布平面图

b）基础剖面图

c）基础平面图

图 5-2　独立基础

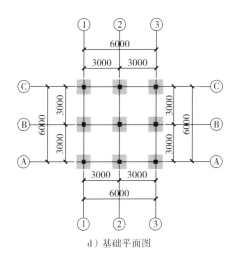

d）基础平面图

e）基础三维示意图

图 5-2 独立基础（续）

【解】

1. 清单工程量计算规则
按设计图示尺寸以体积计算。
计量单位：m^3。

2. 工程量计算

$$V_{基础} = 1.5 \times 1.5 \times 0.3 + [(0.5 + 1.5) \times 0.1 \times 0.5]$$

$$= 0.78 m^3$$

$$V_{总} = 0.78 \times 9$$

$$= 7.02 m^3$$

式中：

$1.5 \times 1.5 \times 0.3$——基础底层体积；

$(0.5 + 1.5) \times 0.1 \times 0.5$——梯形体积；

9——基础个数。

注意：不扣除伸入承台基础的桩头所占体积。与筏形基础一起浇筑的，凸出筏形基础下表面的其他混凝土构件的体积，并入相应筏形基础体积内。

5.1.2 条形基础

项目编码：010501002 项目名称：条形基础

【例 5-3】某工程中，基础部分采用混凝土条形基础，条形基础的相关信息如图 5-3 所示，试根据图纸信息计算该工程中条形基础的工程量。

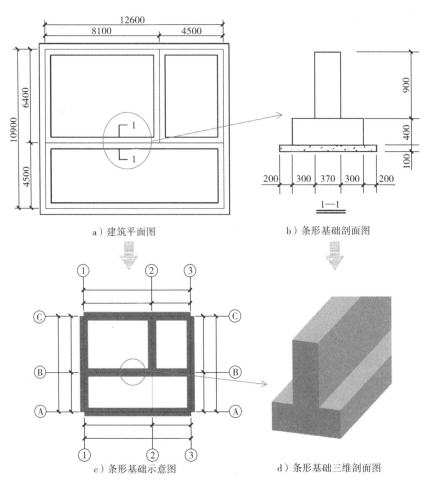

图 5-3　条形基础

【解】

1. 清单工程量计算规则

按设计图示尺寸以体积计算。

计量单位：m^3。

2. 工程量计算

$L_{条形基础} = (12.6 + 10.9) \times 2 + (12.6 - 0.97) + (6.4 - 0.97)$

$= 64.06m$

$V_{条形基础} = [(0.3 \times 2 + 0.37) \times 0.4 + 0.37 \times 0.9] \times 64.06$

$= 0.721 \times 64.06$

$= 46.19m^3$

式中：

$(12.6 + 10.9) \times 2$——条形基础外墙需要计算的长度；

$12.6 - 0.97$、$6.4 - 0.97$——条形基础内墙需要计算的长度；

$(0.3 \times 2 + 0.37) \times 0.4 + 0.37 \times 0.9$——条形基础的截面积。

注意：不扣除伸入承台基础的桩头所占体积。与筏形基础一起浇筑的，凸出筏形基础下表面的其他混凝土构件的体积，并入相应筏形基础体积内。

【例 5-4】某工程中，基础部分采用混凝土条形基础，条形基础的相关信息如图 5-4 所示，试根据图纸信息计算该工程中条形基础的工程量。

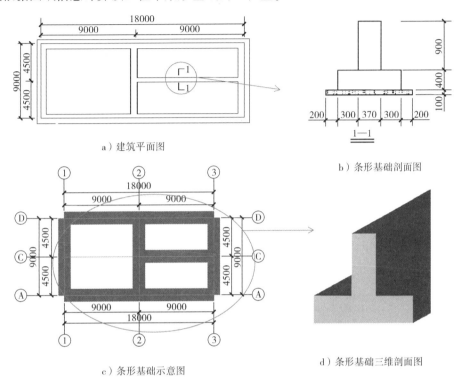

图 5-4　条形基础示意图

【解】

1. 清单工程量计算规则
按设计图示尺寸以体积计算。➡
计量单位：m³。

2. 工程量计算
$$L_{条形基础} = (18+9) \times 2 + (9-0.97) \times 2$$
$$= 70.06m$$
$$V_{条形基础} = [(0.3 \times 2 + 0.37) \times 0.4 + 0.37 \times 0.9] \times 70.06$$
$$= 50.51m^3$$

⬇

式中：
$(18+9) \times 2 + (9-0.97) \times 2$——条形基础长度；
$(0.3 \times 2 + 0.37) \times 0.4 + 0.37 \times 0.9$——条形基础的截面积。

注意：不扣除伸入承台基础的桩头所占体积。与筏形基础一起浇筑的，凸出筏形基础下表面的其他混凝土构件的体积，并入相应筏形基础体积内。

5.1.3 筏形基础

项目编码：010501003　　　项目名称：筏形基础

【例5-5】某工程中，根据工程设计要求采用筏形基础，筏形基础的相关信息如图5-5所示，试根据图纸信息计算该工程中筏形基础的工程量。

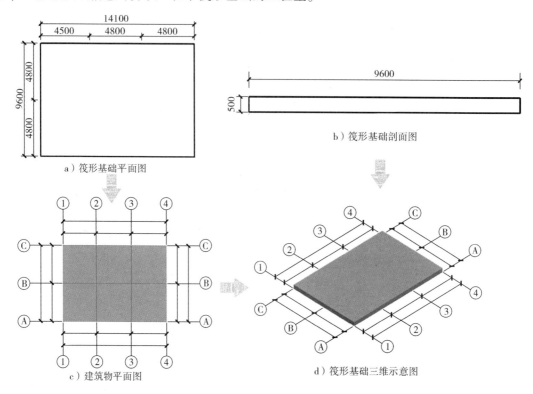

图5-5　筏形基础

【解】

1. 清单工程量计算规则

按设计图示尺寸以体积计算。

计量单位：m³。

2. 工程量计算

$V_{筏形基础} = 14.1 \times 9.6 \times 0.5$

$= 67.68 \mathrm{m}^3$

式中：

14.1——筏形基础的长度；

9.6——筏形基础的宽度；

0.5——筏形基础的厚度。

注意：不扣除伸入承台基础的桩头所占体积。与筏形基础一起浇筑的，凸出筏形基础下表面的其他混凝土构件的体积，并入相应筏形基础体积内。

【例5-6】某工程中，根据工程设计要求采用筏形基础，筏形基础的相关信息如图5-6所示，试根据图纸信息计算该工程中筏形基础的工程量。

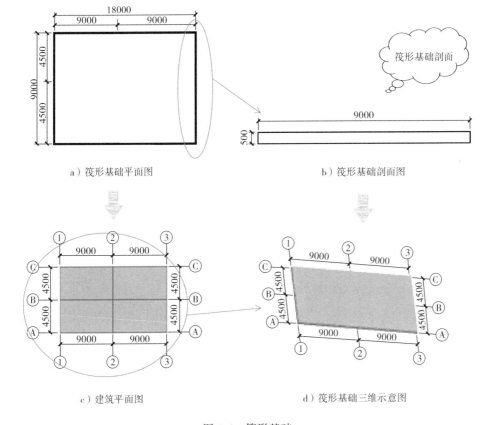

图 5-6　筏形基础

【解】

1. 清单工程量计算规则
按设计图示尺寸以体积计算。
计量单位：m^3。

2. 工程量计算
$$V_{筏形基础} = 18 \times 9 \times 0.5$$
$$= 81 m^3$$

式中：

18——筏形基础的长度；

9——筏形基础的宽度；

0.5——筏形基础的厚度。

注意：不扣除伸入承台基础的桩头所占体积。与筏形基础一起浇筑的，凸出筏形基础下表面的其他混凝土构件的体积，并入相应筏形基础体积内。

5.1.4　基础连系梁

项目编码：010501005　　项目名称：基础连系梁

【例 5-7】 某工程中，根据工程设计要求采用独立基础，独立基础底面积 2000mm × 2000mm，基础之间用基础连系梁进行连接，试根据图纸信息（图 5-7）计算该工程中独立基础和基础连系梁的工程量。

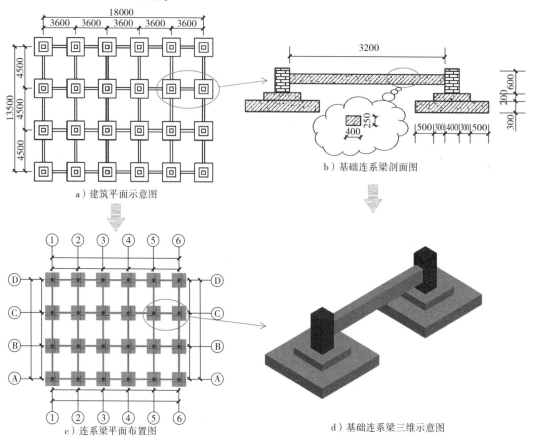

图 5-7　基础连系梁

【解】

1. 清单工程量计算规则

按设计图示截面面积乘以梁长以体积计算。

计量单位：m^3。

2. 工程量计算

$V_{基础连系梁} = [(3.6 - 0.4) \times 5 \times 4 + (4.5 - 0.4) \times 3 \times 6] \times (0.4 \times 0.25)$

$= 13.78m^3$

$V_{独立基础} = [(2 \times 2) \times 0.3 + (1 \times 1) \times 0.2] \times 4 \times 6$

$= 33.6m^3$

式中：

$3.6 - 0.4$、$4.5 - 0.4$——横向和纵向单根基础连系梁的长度；

5×4、3×6——基础连系梁的根数；

0.4×0.25——基础连系梁的截面尺寸；

$(2 \times 2) \times 0.3 + (1 \times 1) \times 0.2$——单个独立基础的工程量；

4×6——独立基础的个数。

注意：梁长为所连系基础之间的净长度。

5.1.5　矩形柱

项目编码：010501006　　　项目名称：矩形柱

【例 5-8】某建筑工程中，首层层高为 3.5m，柱子为矩形柱，具体尺寸和布置情况如图 5-8 所示，试根据图纸信息计算该工程中首层矩形柱的工程量。

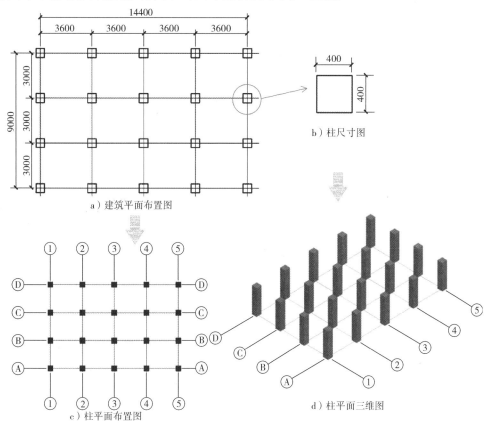

a）建筑平面布置图

b）柱尺寸图

c）柱平面布置图

d）柱平面三维图

图 5-8　矩形柱

【解】

1. 清单工程量计算规则

按设计断面面积乘以柱高以体积计算，附着在柱上的牛腿并入柱体积内。

计量单位：m^3。

式中：

0.4×0.4——柱的截面尺寸；

3.5——层高；

20——柱子的数量。

2. 工程量计算

$$V_{柱} = 0.4 \times 0.4 \times 3.5 \times 20$$
$$= 11.2 m^3$$

注意：柱高为柱基上表面至柱顶之间的高度。其楼层的分界线为各楼层上表面，其与柱帽的分界线为柱帽下表面。型钢混凝土柱需扣除构件内型钢体积。

【例5-9】 某建筑工程中，首层层高为5.1m，柱子为矩形柱，具体尺寸和布置情况如图5-9所示，试根据图纸信息计算该工程中首层矩形柱的工程量。

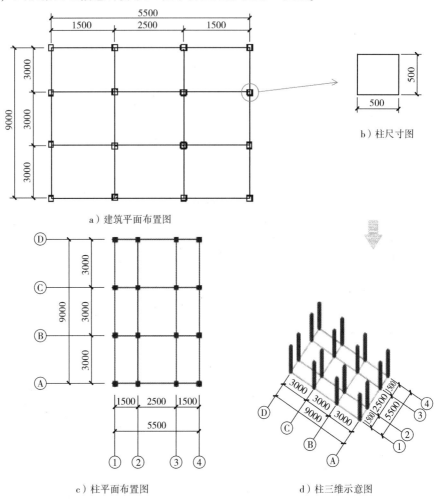

a）建筑平面布置图

b）柱尺寸图

c）柱平面布置图

d）柱三维示意图

图5-9 矩形柱

【解】

1. 清单工程量计算规则

按设计断面面积乘以柱高以体积计算，附着在柱上的牛腿并入柱体积内。

计量单位：m³。

2. 工程量计算

$V = 0.5 \times 0.5 \times 5.1 \times 16$
$= 20.4 m^3$

式中：

0.5×0.5——柱的截面尺寸；

5.1——层高；

16——柱子的数量。

注意：柱高为柱基上表面至柱顶之间的高度。其楼层的分界线为各楼层上表面，其与柱帽的分界线为柱帽下表面。型钢混凝土柱需扣除构件内型钢体积。

5.1.6　构造柱

项目编码：010501009　　项目名称：构造柱

【例 5-10】某建筑工程中，首层层高为 2.5m，墙厚为 240mm，需要在墙体交接处和门窗洞口两侧设置构造柱，具体尺寸和布置情况如图 5-10 所示，试根据图纸信息计算该工程中构造柱的工程量。

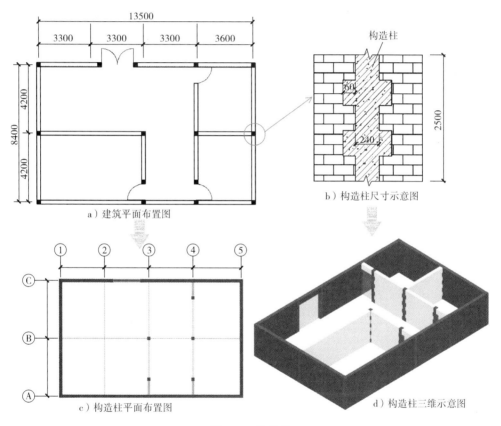

图 5-10　构造柱

【解】

1. 清单工程量计算规则

按设计图示尺寸 ➡ 以体积计算。

计量单位：m^3。

2. 工程量计算

$V_{单楼} = [2.5 \times 0.24 \times (0.24 + 0.03)] \times 5 = 0.81 m^3$

$V_{双楼} = [2.5 \times 0.24 \times (0.24 + 0.06)] \times 8 = 1.44 m^3$

$V_{三楼} = [2.5 \times 0.24 \times (0.24 + 0.09)] \times 3 = 0.594 m^3$

$V_{总} = 0.81 + 1.44 + 0.594 = 2.844 m^3$

➡

式中：

0.24+0.03、0.24+0.06、0.24+0.09——不同马牙槎数量的构造柱的截面长度；

5、8、3——不同马牙槎数量的构造柱的根数；

0.24——墙厚(构造柱的截面宽度)；

2.5——层高。

注意：与砌体嵌接部分（马牙槎）的体积并入柱身体积内。构造柱高度：自其生根构件（基础、基础圈梁、地梁等）的上表面算至其锚固构件（上部梁、上部板等）的下表面。

5.1.7 钢管柱

项目编码：010501010　　项目名称：钢管柱

【例 5-11】某建筑工程中采用钢管柱，柱的内径为 250mm，层高为 3m，试根据图纸信息（图 5-11）计算该工程中钢管柱工程量。

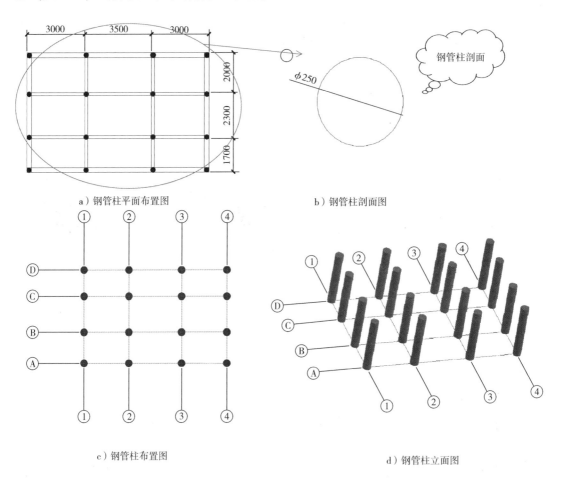

a) 钢管柱平面布置图　　　　　　　　　　b) 钢管柱剖面图

c) 钢管柱布置图　　　　　　　　　　d) 钢管柱立面图

图 5-11　钢管柱示意图

【解】

1. 清单工程量计算规则

按需浇筑混凝土的钢管内径乘以钢管高度以体积计算。

计量单位：m³

式中：

0.25——钢管柱的内径；

4×4——钢管柱的根数。

2. 工程量计算

$$V_{钢管柱} = 0.25^2 \times 3.14 \times 3 \times 4 \times 4$$
$$= 9.42 \text{m}^3$$

5.1.8　矩形梁

项目编码：010501011　　　项目名称：矩形梁

【例5-12】某建筑工程中采用框架结构，梁的截面尺寸为250mm×400mm，柱的截面尺寸为300mm×300mm，试根据图纸信息（图5-12）计算该工程中矩形梁工程量。

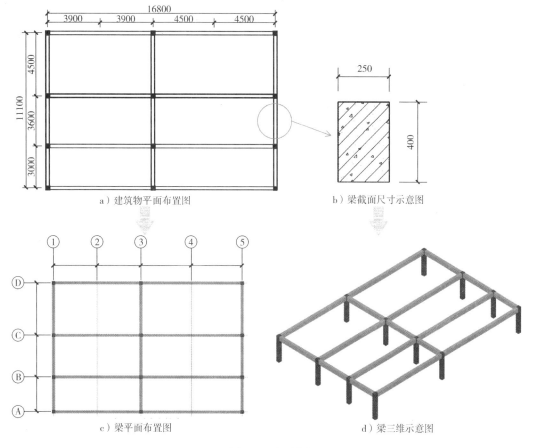

a）建筑物平面布置图　　　　　　b）梁截面尺寸示意图

c）梁平面布置图　　　　　　d）梁三维示意图

图 5-12　矩形梁

【解】

1. 清单工程量计算规则

按设计图示截面面积乘以梁长以体积计算。

计量单位：m³。

2. 工程量计算

$$V_{梁} = [(16.8 - 0.6) \times 4 + (11.1 - 0.9) \times 3] \times (0.25 \times 0.4)$$
$$= (64.8 + 30.6) \times 0.1$$
$$= 9.54 \text{m}^3$$

式中：

16.8 - 0.6——单根横向梁的长度；

11.1 - 0.9——单根纵向梁的长度；

0.25 × 0.4——梁的截面尺寸。

注意：伸入墙内的梁头、梁垫并入梁体积内。

梁长：①梁与柱连接时，梁长算至柱侧面；②主梁与次梁连接时，次梁长算至主梁侧面。

梁高：梁上部有与梁一起浇筑的现浇板时，梁高算至现浇板底。型钢混凝土梁需扣除构件内型钢体积。

【例5-13】某建筑工程中采用框架结构，梁的截面尺寸为 300mm × 700mm，柱的截面尺寸为 300mm × 300mm，试根据图纸信息（图5-13）计算该工程中矩形梁工程量。

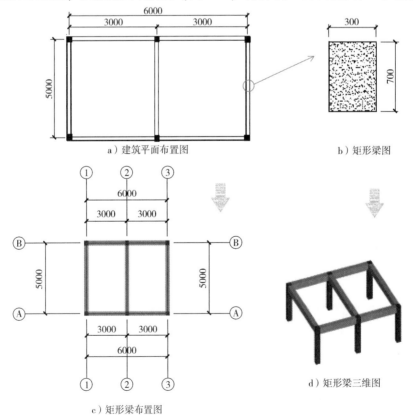

a）建筑平面布置图　　　　　　　　b）矩形梁图

c）矩形梁布置图　　　　　　　　d）矩形梁三维图

图5-13　矩形梁

【解】

1. 清单工程量计算规则

按设计图示截面面积乘以梁长以体积计算。伸入墙内的梁头、梁垫并入梁体积内。

计量单位：m^3。

式中：

6－0.6——单根横向梁的长度；

5－0.6——单根纵向梁的长度；

0.3×0.7——梁的截面尺寸。

2. 工程量计算

$$V_{梁} = [(6-0.6) \times 2 + (5-0.6) \times 3] \times 0.3 \times 0.7$$
$$= (10.8 + 13.2) \times 0.21$$
$$= 5.04m^3$$

注意：梁长：①梁与柱连接时，梁长算至柱侧面；②主梁与次梁连接时，次梁长算至主梁侧面。梁高：梁上部有与梁一起浇筑的现浇板时，梁高算至现浇板底。型钢混凝土梁需扣除构件内型钢体积。

5.1.9　圈梁

项目编码：010501015　　项目名称：圈梁

【例 5-14】某建筑工程中，根据设计要求，在墙上布置一道圈梁，并充当过梁，具体尺寸和布置情况如图 5-14 所示，试根据图纸信息计算该工程中圈梁工程量。

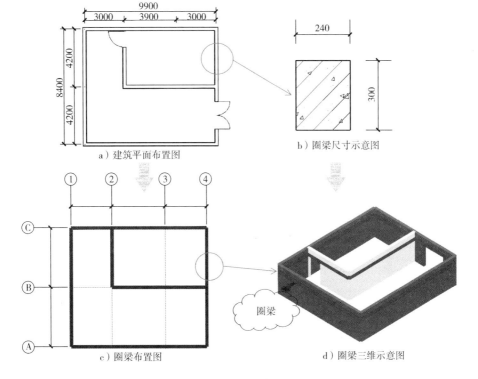

图 5-14　圈梁

【解】

1. 清单工程量计算规则
按设计图示截面面积乘以梁长以体积计算。
计量单位：m^3。

2. 工程量计算

$$L_{圈梁} = (9.9 + 8.4) \times 2 + 6.9 + 4.2 - 0.24$$
$$= 47.46m$$
$$V_{圈梁} = 47.46 \times 0.24 \times 0.3$$
$$= 3.42m^3$$

式中：

9.9——外墙横向圈梁的长度；

8.4——外墙纵向圈梁的长度；

0.24×0.3——圈梁的截面尺寸。

注意：圈梁与构造柱连接时，梁长算至构造柱（不含马牙槎）的侧面。

【例5-15】 某建筑工程中，根据设计要求，在墙上布置一道圈梁，并充当过梁，具体尺寸和布置情况如图5-15所示，试根据图纸信息计算该工程中圈梁工程量。

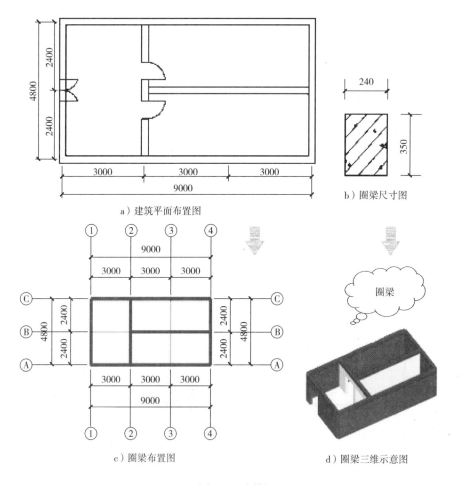

a）建筑平面布置图

b）圈梁尺寸图

c）圈梁布置图

d）圈梁三维示意图

图5-15 圈梁

【解】

1. 清单工程量计算规则

按设计图示截面面积乘以梁长以体积计算。

计量单位：m^3。

2. 工程量计算

$L_{圈梁} = (9 + 4.8) \times 2 + (4.8 - 0.24) + (6 - 0.24)$

$= 37.92m$

$V_{圈梁} = 37.92 \times 0.24 \times 0.35$

$= 3.19m^3$

式中：

$(9 + 4.8) \times 2$——外墙圈梁的长度；

$(4.8 - 0.24) + (6 - 0.24)$——内墙圈梁的长度；

0.24×0.35——圈梁的截面尺寸。

注意：圈梁与构造柱连接时，梁长算至构造柱（不含马牙槎）的侧面。

5.1.10　过梁

项目编码：010501016　　项目名称：过梁

【例 5-16】某建筑中，墙厚为 240mm，根据设计要求，需要在门窗上设置过梁，过梁伸入墙体 250mm，M-1 的尺寸为 1000mm × 2100mm，M-2 的尺寸为 2000mm × 2100mm，C-1 的尺寸为 1800mm × 1000mm，具体尺寸和布置情况如图 5-16 所示，试根据图纸信息计算该工程中过梁工程量。

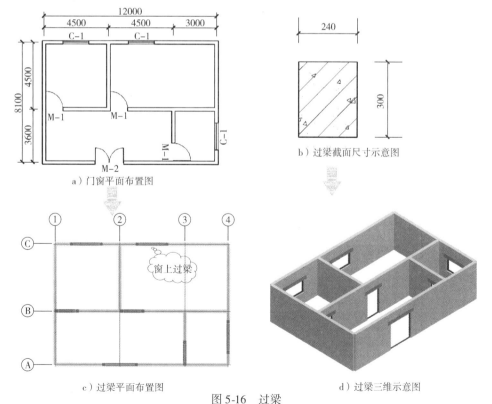

a）门窗平面布置图

b）过梁截面尺寸示意图

c）过梁平面布置图

d）过梁三维示意图

图 5-16　过梁

【解】

1. 清单工程量计算规则

按设计图示截面面积乘以梁长以体积计算。

计量单位：m^3。

2. 工程量计算

$$V_{M-1} = [0.24 \times 0.3 \times (1 + 0.25 \times 2)] \times 3$$
$$= 0.108 \times 3 = 0.32 m^3$$

$$V_{M-2} = 0.24 \times 0.3 \times (2 + 0.25 \times 2) = 0.18 m^3$$

$$V_{C-1} = [0.24 \times 0.3 \times (1.8 + 0.25 \times 2)] \times 3$$
$$= 0.1656 \times 3 = 0.5 m^3$$

$$V_{总} = 0.32 + 0.18 + 0.5 = 1 m^3$$

式中：

$1 + 0.25 \times 2$、$2 + 0.25 \times 2$、$1.8 + 0.25 \times 2$——过梁的长度；

3——过梁的根数；

0.24×0.3——过梁的截面尺寸。

注意：梁长按设计规定计算，设计无规定时，按梁下洞口宽度两端各加250mm计算。

【例5-17】某建筑中，墙厚为240mm，根据设计要求，需要在门窗上设置过梁，过梁伸入墙体250mm，M-1的尺寸为1800mm×2100mm，M-2的尺寸为1000mm×2100mm，C-1的尺寸为1500mm×1800mm，具体尺寸和布置情况如图5-17所示，试根据图纸信息计算该工程中过梁工程量。

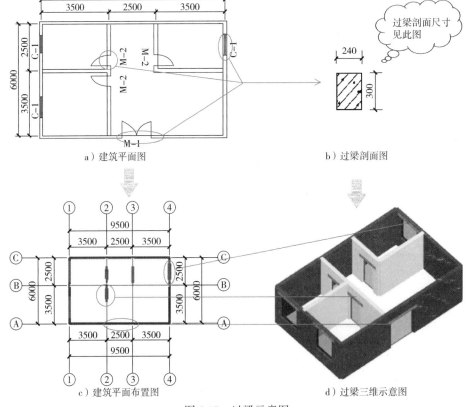

a）建筑平面图　　　　　　　　　　b）过梁剖面图

c）建筑平面布置图　　　　　　　　d）过梁三维示意图

图 5-17　过梁示意图

【解】

1. 清单工程量计算规则

按设计图示截面面积乘以梁长以体积计算。

计量单位：m^3。

2. 工程量计算

$V_{M-1} = 0.24 \times 0.3 \times (1.8 + 0.25 \times 2) = 0.17m^3$

$V_{M-2} = [0.24 \times 0.3 \times (1 + 0.25 \times 2)] \times 3 = 0.32m^3$

$V_{C-1} = [0.24 \times 0.3 \times (1.5 + 0.25 \times 2)] \times 3$

$\qquad = 0.43m^3$

$V_{总} = 0.17 + 0.32 + 0.43 = 0.92m^3$

式中：

$1.8 + 0.25 \times 2$、$1 + 0.25 \times 2$、$1.5 + 0.25 \times 2$——过梁的长度；

3——过梁的根数；

0.24×0.3——过梁的截面尺寸。

注意：梁长按设计规定计算，设计无规定时，按梁下洞口宽度，两端各加 250mm 计算。

5.1.11　直形墙

项目编码：010501018　　项目名称：直形墙

【例 5-18】某工程中墙体为现浇钢筋混凝土墙，层高为 3m，墙厚为 240mm，M-1 的尺寸为 1000mm × 2100mm，M-2 的尺寸为 2000mm × 2100mm，C-1 的尺寸为 1500mm × 1000mm，平面布置图如图 5-18 所示，轴线均与墙中心线重叠，试根据图纸信息计算该工程中直形墙的工程量。

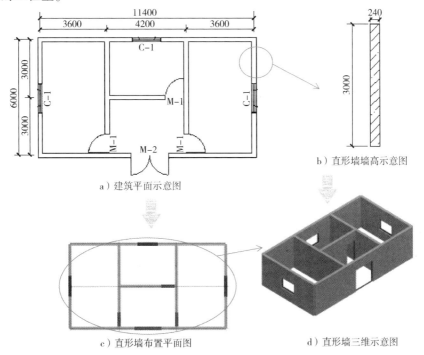

a）建筑平面示意图

b）直形墙墙高示意图

c）直形墙布置平面图

d）直形墙三维示意图

图 5-18　直形墙

【解】

1. 清单工程量计算规则

按设计图示尺寸以体积计算。

计量单位：m³。

2. 工程量计算

$V = [(11.4 + 6) \times 2 + (6 - 0.24) \times 2 + (4.2 - 0.24)] \times 3 \times 0.24$

$= 36.20 \text{m}^3$

$V_{门、窗} = (1.5 \times 1 \times 3 + 1 \times 2.1 \times 3 + 2 \times 2.1) \times 0.24$

$= 3.6 \text{m}^3$

$V_{直形墙} = 36.20 - 3.6 = 32.60 \text{m}^3$

式中：

11.4、6——纵横墙的长度；

1.5×1、1×2.1、2×2.1——门窗尺寸；

3——墙高。

注意：扣除门窗洞口及单个面积>0.3m²的孔洞所占体积，墙垛及突出墙面部分并入墙体体积内计算。墙与现浇混凝土板相交时，外墙高度算至板顶，内墙高度算至板底。

【例5-19】某工程中墙体为现浇钢筋混凝土墙，层高为5.1m，墙厚为240mm，M-1的尺寸为1800mm×2100mm，M-2的尺寸为1000mm×2100mm，C-1的尺寸为1500mm×1800mm，平面布置图如图5-19所示，轴线均与墙中心线重叠，试根据图纸信息计算该工程中直形墙的工程量。

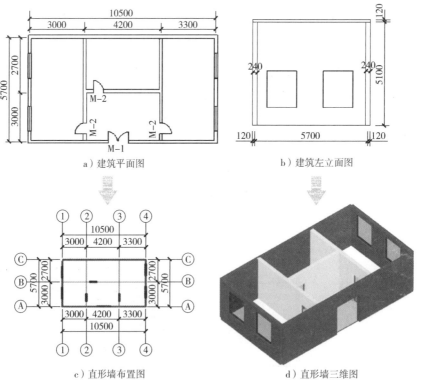

a) 建筑平面图   b) 建筑左立面图

c) 直形墙布置图   d) 直形墙三维图

图5-19　直形墙示意图

【解】

1. 清单工程量计算规则

按设计图示尺寸以体积计算。

计量单位：m^3。

式中：

10.5、5.7——纵横墙的长度；

5.7 - 0.24、4.2 - 0.24——内墙长度；

5.1——墙高；

0.24——墙厚。

2. 工程量计算

$$V_{门、窗} = 1.8 \times 2.1 \times 0.24 + 1 \times 2.1 \times 3 \times 0.24 + 1.5 \times 1.8 \times 4 \times 0.24$$
$$= 5.01 m^3$$

$$V_墙 = [(10.5 + 5.7) \times 2 + (5.7 - 0.24) \times 2 + 4.2 - 0.24] \times 5.1 \times 0.24$$
$$= 57.87 m^3$$

$$V_{墙-门窗} = 57.87 - 5.01 = 52.86 m^3$$

注意：扣除门窗洞口及单个面积 $> 0.3 m^2$ 的孔洞所占体积，墙垛及突出墙面部分并入墙体体积内计算。墙与现浇混凝土板相交时，外墙高度算至板顶，内墙高度算至板底。

5.1.12　弧形墙

项目编码：010501019　　项目名称：弧形墙

【例 5-20】某工程外墙某一段采用弧形墙，该建筑层高为 3.5m，墙厚为 300mm，图中门均为 M-1，尺寸为 1500mm × 2200mm，平面布置图如图 5-20 所示，轴线均与墙中心线重叠，试根据图纸信息计算该工程中墙体的工程量。

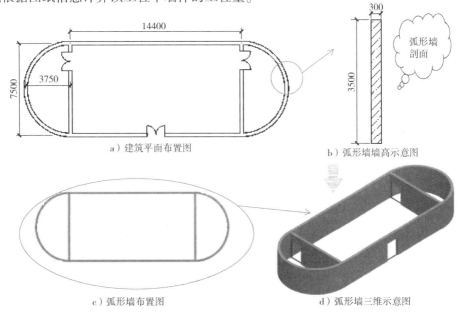

a）建筑平面布置图　　　　b）弧形墙墙高示意图

c）弧形墙布置图　　　　d）弧形墙三维示意图

图 5-20　弧形墙

【解】

1. 清单工程量计算规则

按设计图示尺寸以体积计算。

计量单位：m^3。

2. 工程量计算

$V_{直形墙} = [(14.4 + 7.5 - 0.3) \times 2 \times 3.5$
$= 43.2 \times 3.5 = 151.2m^3$

$V_{弧形墙} = 7.5 \times 3.14 \times 1/2 \times 2 \times 3.5$
$= 23.55 \times 3.5 = 82.43m^3$

$V_{门} = 1.5 \times 2.2 \times 3 = 9.9m^3$

$V_{总} = 151.2 + 82.43 - 9.9 = 223.73m^3$

式中：

$(14.4 + 7.5 - 0.3) \times 2$——直形墙的长度；

7.5——弧形墙的半径；

3.5——墙高。

注意：扣除门窗洞口及单个面积 >0.3m^2 的孔洞所占体积，墙垛及突出墙面部分并入墙体体积内计算。墙与现浇混凝土板相交时，外墙高度算至板顶，内墙高度算至板底。

【例 5-21】某工程外墙某一段采用弧形墙，该建筑层高为 3.5m，墙厚为 300mm，图中门均为 M-1，尺寸为 1500mm×2200mm，平面布置图如图 5-21 所示，轴线均与墙中心线重叠，试根据图纸信息计算该工程中墙体的工程量。

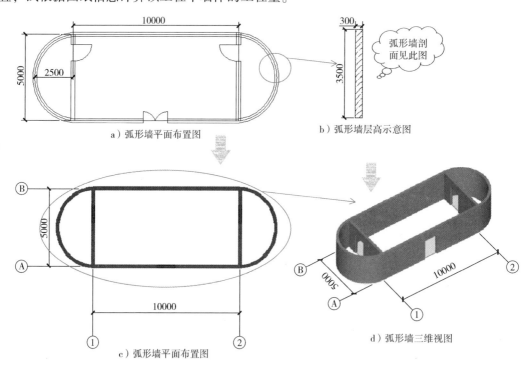

a) 弧形墙平面布置图

b) 弧形墙层高示意图

弧形墙剖面见此图

c) 弧形墙平面布置图

d) 弧形墙三维视图

图 5-21 弧形墙

【解】

1. 清单工程量计算规则

按设计图示尺寸以体积计算。

计量单位：m³。

2. 工程量计算

$V_{直形墙} = [(10 + 5 - 0.3) \times 2 \times 3.5 = 102.9 \text{m}^3$

$V_{弧形墙} = 5 \times 3.14 \times 1/2 \times 2 \times 3.5 = 54.95 \text{m}^3$

$V_{门} = 1.5 \times 2.2 \times 3 = 9.9 \text{m}^3$

$V_{总} = 102.9 + 54.95 - 9.9 = 147.95 \text{m}^3$

式中：

(10 + 5 - 0.3) × 2——直形墙的长度；

5——弧形墙的半径；

3.5——墙高。

注意：扣除门窗洞口及单个面积 >0.3m² 的孔洞所占体积，墙垛及突出墙面部分并入墙体体积内计算。墙与现浇混凝土板相交时，外墙高度算至板顶，内墙高度算至板底。

5.1.13　有梁板

项目编码：010501024　　　　**项目名称**：有梁板

【例 5-22】某工程采用有梁板，柱的截面尺寸为 300mm × 300mm，梁的截面尺寸为 300mm × 400mm，板的厚度为 200mm，布置图如图 5-22 所示，试根据图纸信息计算该工程中有梁板的工程量。

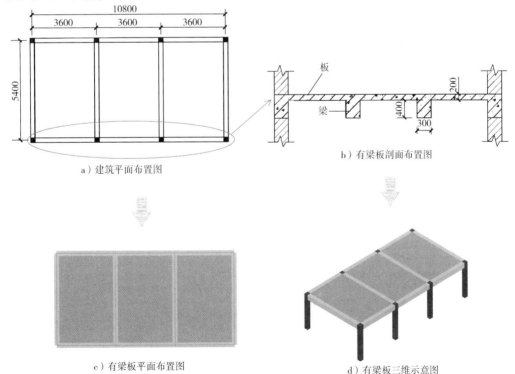

a）建筑平面布置图

b）有梁板剖面布置图

c）有梁板平面布置图

d）有梁板三维示意图

图 5-22　有梁板

【解】

1. 清单工程量计算规则

按设计图示尺寸以体积计算。

计量单位：m^3。

➡

2. 工程量计算

$V_梁 = [(10.8 - 0.3 \times 3) \times 2 + (5.4 - 0.3) \times 4] \times$

$\qquad 0.4 \times 0.3$

$\qquad = 40.2 \times 0.12 = 4.824 m^3$

$V_板 = (3.6 - 0.3) \times (5.4 - 0.3) \times 0.2 \times 3$

$\qquad = 3.366 \times 3 = 10.1 m^3$

$V_总 = 4.824 + 10.1 = 14.92 m^3$

⬇

式中：

$10.8 - 0.3 \times 3$、$5.4 - 0.3$——纵向和横向的梁扣除柱后的长度；

0.4×0.3——梁的截面尺寸；

0.4——梁高；

0.2——板厚。

注意：不扣除单个面积≤$0.3 m^2$的柱、垛以及孔洞所占体积，板伸入砌体墙内的板头以及板下柱帽并入板体积内。有梁板（包括主、次梁与板）按梁、板体积之和计算。

【例5-23】某工程采用有梁板，柱子的截面尺寸300mm×300mm，梁的截面尺寸300×700mm，板厚100mm，墙高3.5m，墙厚300mm，布置图形式如图5-23所示，试根据图纸信息计算该工程中有梁板的工程量。

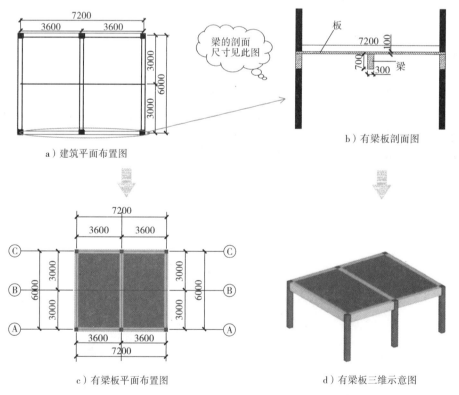

图5-23 有梁板示意图

【解】

1. 清单工程量计算规则

按设计图示尺寸以体积计算。

计量单位：m^3。

2. 工程量计算

$$V_{梁} = [(7.2 - 0.3 \times 2) \times 2 + (6 - 0.3) \times 3] \times 0.3 \times 0.7$$
$$= 6.36m^3$$
$$V_{板} = [(3.6 - 0.3) \times (3 - 0.3)] \times 0.1 \times 2$$
$$= 1.79m^3$$
$$V_{总} = 6.36 + 1.79 = 8.15m^3$$

式中：

$7.2 - 0.3 \times 2$、$6 - 0.3$——纵向和横向的梁扣除柱后的长度；

0.3×0.7——梁的截面尺寸；

0.1——板厚。

注意：不扣除单个面积≤$0.3m^2$的柱、垛以及孔洞所占体积，板伸入砌体墙内的板头以及板下柱帽并入板体积内。有梁板（包括主、次梁与板）按梁、板体积之和计算。

5.1.14 无梁板

项目编码：010501025　　项目名称：无梁板

【例5-24】某工程采用无梁板，柱的截面尺寸为300mm×300mm，布置图如图5-24所示，试根据图纸信息计算该工程中无梁板的工程量。

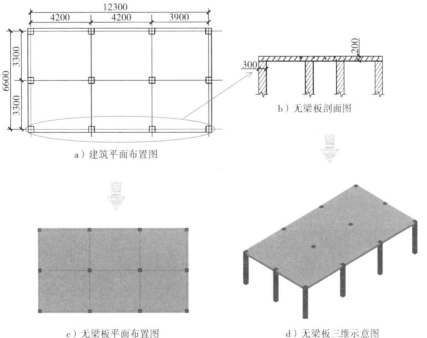

图5-24 无梁板

【解】

1. 清单工程量计算规则
按设计图示尺寸以体积
计算。
计量单位：m^3。

➡️

2. 工程量计算
$V_{板} = (12.3 + 0.3) \times (6.6 + 0.3) \times 0.2$
$= 17.39m^3$

⬇️

式中：
12.3 + 0.3——无梁板的长度；
6.6 + 0.3——无梁板的宽度；
0.2——板厚。

注意：不扣除单个面积≤$0.3m^2$的柱、垛以及孔洞所占体积，板伸入砌体墙内的板头以及板下柱帽并入板体积内。

【例5-25】某工程采用无梁板，柱的截面尺寸为300mm×300mm，布置图如图5-25所示，试根据图纸信息计算该工程中无梁板的工程量。

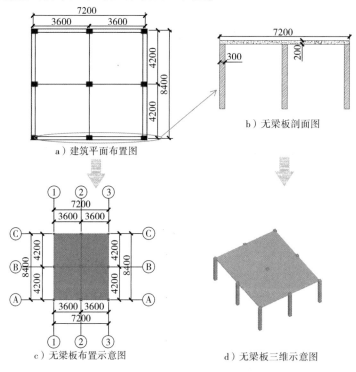

a）建筑平面布置图

b）无梁板剖面图

c）无梁板布置示意图

d）无梁板三维示意图

图5-25　无梁板示意图

【解】

1. 清单工程量计算规则
按设计图示尺寸以体积计算。
计量单位：m^3。

➡️

2. 工程量计算
$V_{板} = (7.2 + 0.3) \times (8.4 + 0.3) \times 0.2$
$= 13.05m^3$

⬇️

式中：

7.2 + 0.3——无梁板的长度；

8.4 + 0.3——无梁板的宽度；

0.2——板厚。

注意：不扣除单个面积≤0.3m²的柱、垛以及孔洞所占体积，板伸入砌体墙内的板头以及板下柱帽并入板体积内。

5.1.15 平板

项目编码：010501026 **项目名称：平板**

【例5-26】某建筑设置平板，尺寸如图5-26所示，板厚为120mm，试根据图纸信息计算平板的工程量。

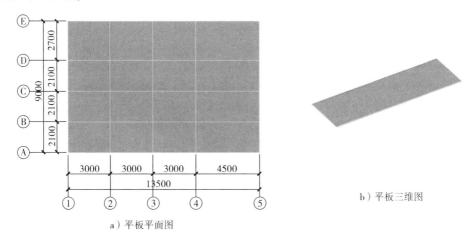

a）平板平面图

b）平板三维图

图5-26 平板示意图

【解】

1. 清单工程量计算规则

按设计图示尺寸以体积计算。

计量单位：m³。

2. 工程量计算

$V_{平板} = 9.0 \times 13.5 \times 0.12$

$= 14.58 m^3$

式中：

9.0 × 13.5——平板的尺寸；

0.12——板厚。

注意：不扣除单个面积≤0.3m²的柱、垛以及孔洞所占体积，板伸入砌体墙内的板头以及板下柱帽并入板体积内。其中：有梁板（包括主、次梁与板）按梁、板体积之和计算；坡屋面板屋脊八字相交处的加厚混凝土并入坡屋面板体积内计算。薄壳板的肋、基梁并入薄壳板体积内计算。

5.1.16 雨篷

项目编码：010501039   项目名称：雨篷

【例5-27】某建筑在门前安装混凝土雨篷，雨篷的尺寸如图5-27所示，试根据图纸信息计算雨篷的工程量。

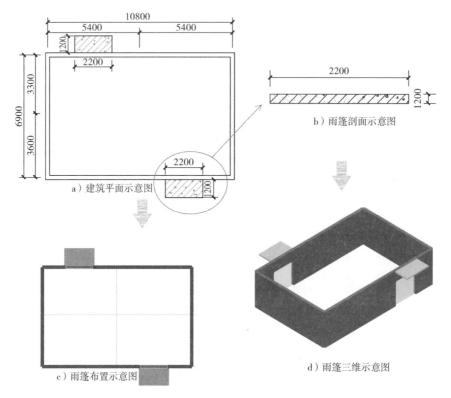

图5-27 雨篷示意图

【解】

1. 清单工程量计算规则

按设计图示尺寸以水平投影面积计算。

计量单位：m²。

➡

2. 工程量计算

$S_{雨篷} = 2.2 \times 1.2 \times 2$

$= 5.28m^2$

⬇

式中：

2.2——雨篷板的长度；

1.2——雨篷板的宽度；

2——雨篷板的个数。

【例5-28】某建筑在门前安装混凝土雨篷，雨篷的尺寸如图5-28所示，试根据图纸信息计算雨篷的工程量。

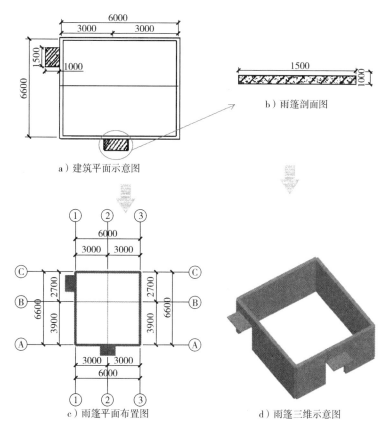

图 5-28　雨篷示意图

【解】

1. 清单工程量计算规则

按设计图示尺寸以水平投影面积计算。

计量单位：m^2。

式中：

1.5——雨篷板的长度；

1——雨篷板的宽度；

2——雨篷板的个数。

2. 工程量计算

$$S_{雨篷} = 1 \times 1.5 \times 2 = 3m^2$$

5.1.17　场馆看台

项目编码：010501040　　项目名称：场馆看台

【例 5-29】某场馆看台如图 5-29 所示，该体育馆两侧分别设有 100m 长的看台，试根据图纸信息计算场馆看台的工程量。

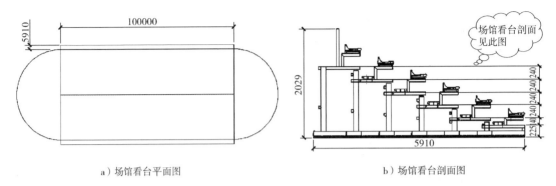

a）场馆看台平面图   b）场馆看台剖面图

图 5-29　场馆看台

【解】

1. 清单工程量计算规则

按设计图示尺寸以水平投影面积计算。

计量单位：m²。

式中：

5.91——看台宽度；

100×2——看台的长度。

2. 工程量计算

$$S_{场馆看台} = 5.91 \times 100 \times 2$$
$$= 1182 \text{m}^2$$

5.1.18　散水、坡道

项目编码：010501041　　　项目名称：散水、坡道

【例 5-30】某建筑四周设置宽度为 1000mm 的散水，墙厚为 240mm，尺寸标注线为墙中心线，门洞口尺寸 1800mm×2100mm，具体布置信息如图 5-30 所示，试根据图纸信息计算散水的工程量。

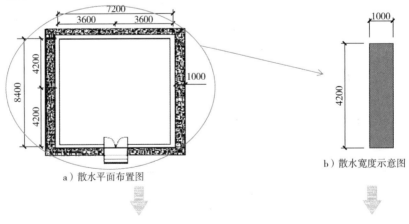

a）散水平面布置图   b）散水宽度示意图

图 5-30　散水

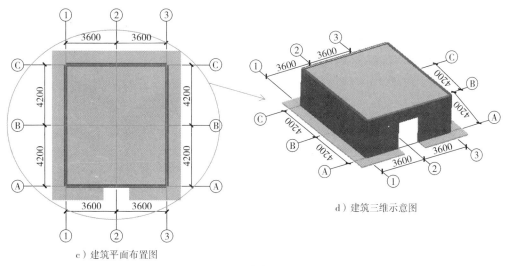

c）建筑平面布置图

图 5-30　散水（续）

【解】

1. 清单工程量计算规则

按设计图示尺寸以水平投影面积计算。

计量单位：m²。

➡

2. 工程量计算

$$L_{散水} = \big[\, (7.2 + 0.24 + 1) + (8.4 + 0.24 + 1)\,\big] \times 2 - 1.8$$
$$= 34.36\text{m}$$
$$S_{散水} = 34.36 \times 1 = 34.36\text{m}^2$$

⬇

式中：

7.2 + 0.24 + 1、8.4 + 0.24 + 1——散水的边长；

1——散水的宽度；

1.8——台阶的宽度。

注意：不扣除单个 ≤ 0.3m² 的孔洞所占面积。

【例 5-31】　某建筑四周设置宽度为 600mm 的散水，墙厚为 240mm，尺寸标注线为墙中心线，具体布置信息如图 5-31 所示，试根据图纸信息计算散水的工程量。

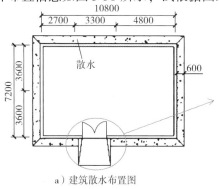

a）建筑散水布置图

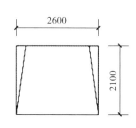

b）坡道散水示意图

图 5-31　散水

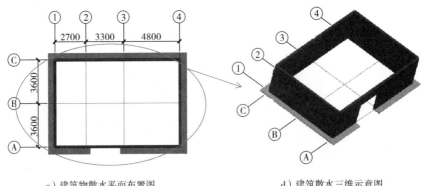

c) 建筑物散水平面布置图　　　　　　　d) 建筑散水三维示意图

图 5-31　散水（续）

【解】

1. 清单工程量计算规则

按设计图示尺寸以水平投影面积计算。

计量单位：m^2。

➡

2. 工程量计算

$L_{散水} = [(10.8 + 0.24 + 0.6) + (7.2 + 0.24 + 0.6)] \times 2 - 2.6$

$= 39.36 - 2.6 = 36.76m$

$S_{散水} = 36.76 \times 0.6 = 22.06m^2$

⬇

式中：

$10.8 + 0.24 + 0.6$、$7.2 + 0.24 + 0.6$——散水的边长；

0.6——散水的宽度；

2.6——坡道的宽度。

注意：不扣除单个 $\leq 0.3m^2$ 的孔洞所占面积。

5.1.19　地坪

项目编码：010501042　　项目名称：地坪

【例 5-32】某建筑房间地坪采用混凝土地坪，该建筑墙厚为 240mm，平面布置图如图 5-32 所示，试根据图纸信息计算地坪的工程量。

【解】

1. 清单工程量计算规则

按设计图示尺寸以水平投影面积计算。

计量单位：m^2。

➡

2. 工程量计算

$S_{地坪} = (12 - 0.24) \times (8.7 - 0.24) - [(4.5 - 0.12) + (6.6 - 0.12)] \times 0.24$

$= 99.49 - 2.61 = 96.88m^2$

⬇

式中：

$12 - 0.24$、$8.7 - 0.24$——建筑物的边长；

$4.5 - 0.12$、$6.6 - 0.12$——需要扣减的墙体的长度；

0.24——墙厚。

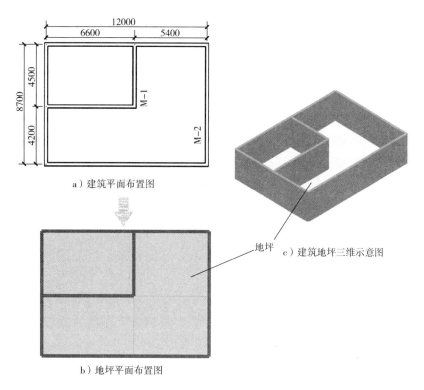

a）建筑平面布置图

b）地坪平面布置图

c）建筑地坪三维示意图

图 5-32　地坪

注意：不扣除单个 ≤0.3m² 的孔洞所占面积。

【例 5-33】某建筑房间地坪采用混凝土地坪，该建筑墙厚为 240mm，平面布置图如图 5-33 所示，试根据图纸信息计算地坪的工程量。

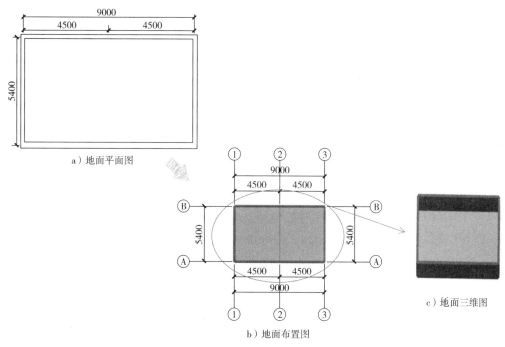

a）地面平面图

b）地面布置图

c）地面三维图

图 5-33　地坪

【解】

1. 清单工程量计算规则
按设计图示尺寸以水平投影面积计算。

计量单位：m²。

2. 工程量计算

$$S_{地面} = (9 - 0.24) \times (5.4 - 0.24)$$
$$= 45.2 m^2$$

式中：

$(9 - 0.24) \times (5.4 - 0.24)$——地面面积；

0.24——墙厚。

注意：不扣除单个≤0.3m²的孔洞所占面积。

5.1.20 电缆沟、地沟

项目编码：010501044　　项目名称：电缆沟、地沟

【例5-34】某建筑在四周设地沟，地沟的具体尺寸如图5-34所示，试根据图纸信息，计算该地沟的工程量。

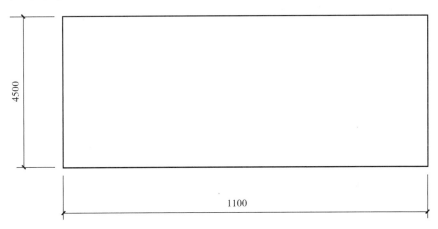

图5-34　建筑平面图

【解】

1. 清单工程量计算规则
按设计图示以中心线长度计算。

计量单位：m。

2. 工程量计算

$$L_{地沟} = (4.5 + 11.0) \times 2$$
$$= 31 m$$

式中：

4.5——地沟的宽度；

11.0——地沟的长度。

5.1.21　台阶

项目编码：010501044　　项目名称：台阶

【例 5-35】某建筑在出口处设置一台阶，台阶的具体尺寸如图 5-35 所示，试根据图纸信息，计算该台阶的工程量。

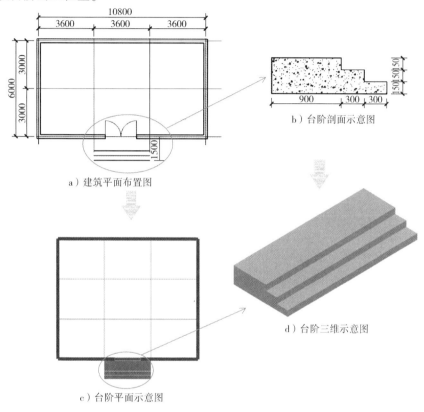

a）建筑平面布置图

b）台阶剖面示意图

c）台阶平面示意图

d）台阶三维示意图

图 5-35　台阶

【解】

1. 清单工程量计算规则

按设计图示尺寸以水平投影面积计算。➡

计量单位：m^2。

2. 工程量计算

$S_{台阶} = 1.5 \times 3.6$

$\qquad = 5.4 m^2$

式中：

1.5——台阶水平投影的宽度；

3.6——台阶水平投影的长度。

5.1.22　扶手、压顶

项目编码：010501045　　项目名称：扶手、压顶

【例 5-36】某建筑在女儿墙上设置截面尺寸为 $300mm \times 60mm$ 的压顶，女儿墙的尺寸如

图 5-36 所示，试根据图纸信息计算压顶的工程量。

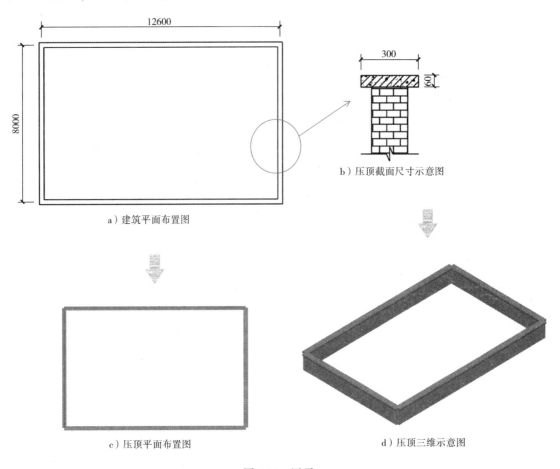

a）建筑平面布置图

b）压顶截面尺寸示意图

c）压顶平面布置图

d）压顶三维示意图

图 5-36　压顶

【解】

1. 清单工程量计算规则

按设计图示尺寸以体积计算。

计量单位：m³。

2. 工程量计算

$V_{压顶} = （12.6 + 8）\times 2 \times（0.3 \times 0.06）$

$= 41.2 \times 0.018 = 0.74 m³$

式中：

（12.6 + 8）×2——压顶的长度；

0.3 ×0.06——压顶的截面尺寸。

【例 5-37】某建筑在女儿墙上设置截面尺寸为 240mm × 100mm 的压顶，女儿墙的尺寸如图 5-37 所示，试根据图纸信息计算压顶的工程量。

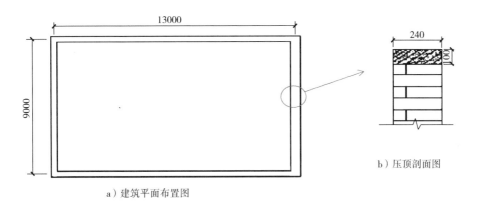

b）压顶剖面图

a）建筑平面布置图

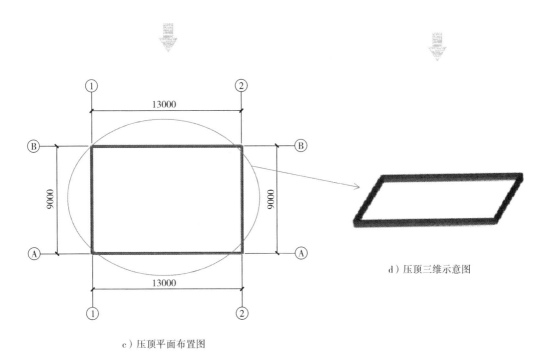

d）压顶三维示意图

c）压顶平面布置图

图 5-37　压顶

【解】

1. 清单工程量计算规则

按设计图示尺寸以体积计算。

计量单位：m³。

式中：

（13 + 9）×2——压顶的长度；

0.24 × 0.1——压顶的截面尺寸。

2. 工程量计算

$V_{压顶} = (13 + 9) \times 2 \times 0.24 \times 0.1$

$= 1.06 \text{m}^3$

5.2 一般预制混凝土构件

5.2.1 矩形柱

项目编码：010502001　　项目名称：矩形柱

【例 5-38】在某一工程中，首层部分采用预制混凝土矩形柱，该矩形柱的相关信息如图
5-38 所示，试根据图纸信息计算该工程中的矩形柱的工程量（已知首层层高为 3.3m）。

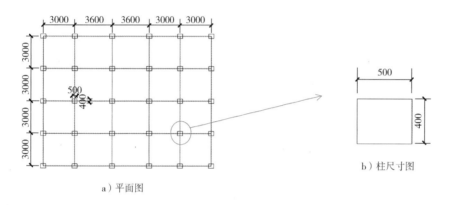

a）平面图　　　　　　　　　b）柱尺寸图

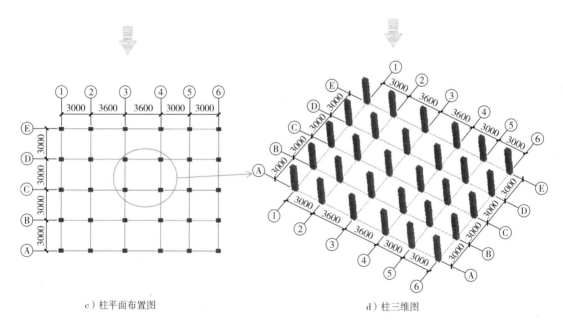

c）柱平面布置图　　　　　　d）柱三维图

图 5-38　独立基础

【解】

1. 清单工程量计算规则

矩形柱的工程量按设计图示尺寸以体积计算。

计量单位：m^3。

2. 工程量计算

$V_{柱} = 0.4 \times 0.5 \times 3.3 \times 5 \times 6$

$= 0.66 \times 30$

$= 19.8 m^3$

式中：

0.4×0.5——柱的截面尺寸；

3.3——层高；

30——柱子的数量。

【例5-39】 在某一工程中，首层部分采用预制混凝土矩形柱，该矩形柱的相关信息如图5-39所示，试根据图纸信息计算该工程中的矩形柱的工程量（已知首层层高为3.5m）。

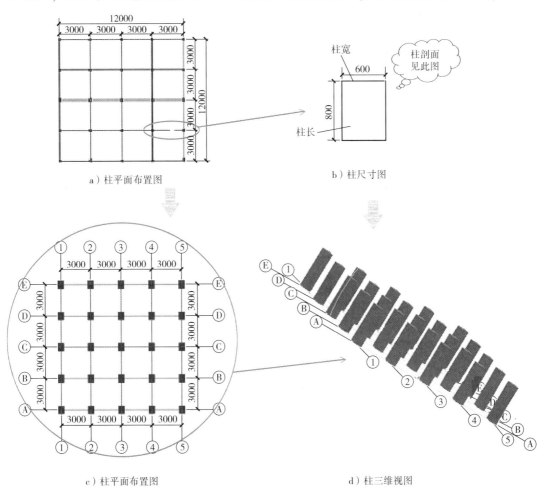

a）柱平面布置图   b）柱尺寸图

c）柱平面布置图   d）柱三维视图

图5-39　矩形柱

【解】

1. 清单工程量计算规则

矩形柱的工程量按设计图示尺寸以体积计算。

计量单位：m^3。

$\Rightarrow$

2. 工程量计算

$V_{柱} = 0.6 \times 0.8 \times 3.5 \times 5 \times 5$

$= 0.48 \times 87.5$

$= 42m^3$

$\Downarrow$

式中：

0.6×0.8——柱的截面尺寸；

3.5——层高；

5×5——柱子的数量。

5.2.2 异形柱

项目编码：010502002   项目名称：异形柱

【例5-40】某工程中，首层建筑部分采用混凝土异形柱，异形柱的相关信息如图5-40所示，试根据图纸信息计算该工程中异形柱的工程量（首层层高为3m）。

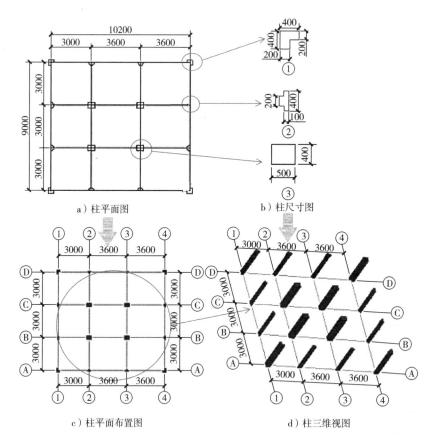

图5-40 异形柱

【解】

1. 清单工程量计算规则

异形柱的工程量按设计图示尺寸以体积计算。

计量单位：m^3。

➡

2. 工程量计算

$$S_柱 = (0.4 \times 0.4 - 0.2 \times 0.2) \times 4 +$$
$$(0.4 \times 0.2 - 0.1 \times 0.1) \times 8 +$$
$$0.5 \times 0.4 \times 4$$
$$= 0.48 + 0.56 + 0.8$$
$$= 1.84 m^2$$
$$V_柱 = S_柱 \times 3 = 5.52 m^3$$

⬇

式中：

$0.4 \times 0.4 - 0.2 \times 0.2$——柱子1的单个截面面积，共4个；

$0.4 \times 0.2 - 0.1 \times 0.1$——柱子2的单个截面面积，共8个；

0.5×0.4——柱子3的单个截面面积，共4个。

【例5-41】 某工程中，首层建筑部分采用混凝土异形柱，异形柱的相关信息如图5-41所示，试根据图纸信息计算该工程中柱子的工程量（首层层高为3.5m）。

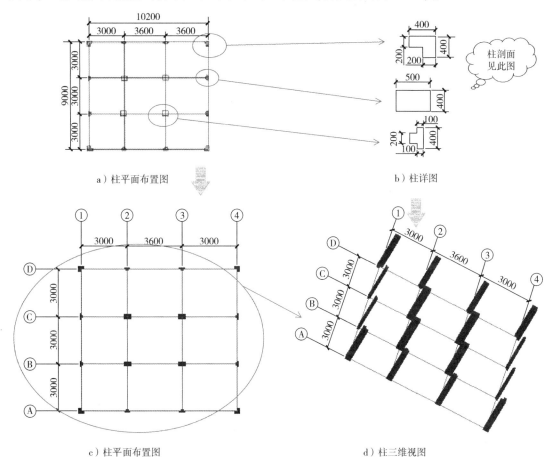

a）柱平面布置图   b）柱详图

c）柱平面布置图   d）柱三维视图

图5-41 异形柱

【解】

1. 清单工程量计算规则

异形柱的工程量按设计图示尺寸以体积计算。

计量单位：m^3。

➡

2. 工程量计算

$$S_{柱} = (0.4 \times 0.4 - 0.2 \times 0.2) \times 4 +$$
$$(0.4 \times 0.2 - 0.1 \times 0.1 \times 2) \times$$
$$8 + 0.5 \times 0.4 \times 4$$
$$= 0.48 + 0.48 + 0.8$$
$$= 1.76m^2$$

$$V_{柱} = S_{柱} \times 3.5 = 6.16m^3$$

⬇

式中：

$0.4 \times 0.4 - 0.2 \times 0.2$——柱子 1 的单个截面面积，共 4 个；

0.5×0.4——柱子 2 的单个截面面积，共 4 个；

$0.4 \times 0.2 - 0.1 \times 0.1 \times 2$——柱子 3 的单个截面面积，共 8 个。

5.2.3 矩形梁

项目编码：010502003   项目名称：矩形梁

【例 5-42】某工程为框架结构，根据工程设计要求采用矩形梁，已知此工程中柱的截面尺寸：500mm × 400mm；矩形梁的相关信息如图 5-42 所示，试根据图纸信息计算该工程中矩形梁的工程量。

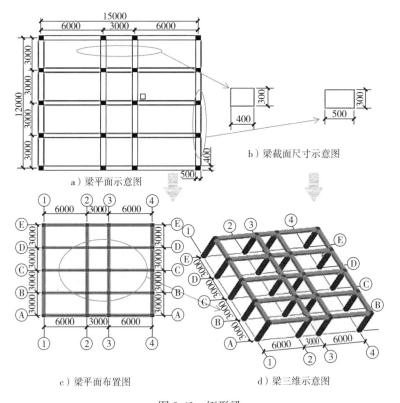

图 5-42　矩形梁

【解】

1. 清单工程量计算规则
按设计图示尺寸以体积计算。
计量单位：m³。

➡

2. 工程量计算
$$V = (16 - 0.5 \times 3) \times 5 \times 0.4 \times 0.3 +$$
$$(12 - 0.4 \times 4) \times 4 \times 0.5 \times 0.3$$
$$= 14.94 \text{m}^3$$

⬇

式中：

$16 - 0.5 \times 3$——截面为 $400\text{mm} \times 300\text{mm}$ 梁的单个长度；

$12 - 0.4 \times 4$——截面为 $500\text{mm} \times 300\text{mm}$ 梁的单个长度；

0.4×0.3——截面为 $400\text{mm} \times 300\text{mm}$ 梁的截面面积；

0.5×0.3——截面为 $500\text{mm} \times 300\text{mm}$ 梁的截面面积。

【例 5-43】　某工程为框架结构，根据工程设计要求采用矩形梁，已知此工程中柱的截面尺寸：$500\text{mm} \times 500\text{mm}$；矩形梁的相关信息如图 5-43 所示，试根据图纸信息计算该工程中矩形梁的工程量。

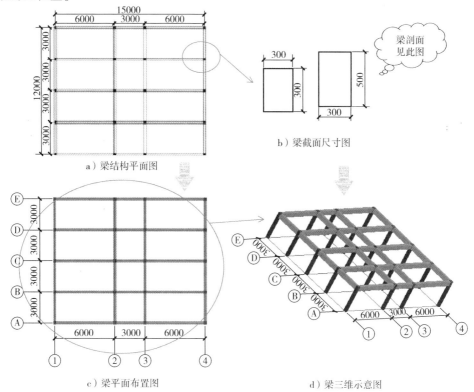

a）梁结构平面图　　　b）梁截面尺寸图

c）梁平面布置图　　　d）梁三维示意图

图 5-43　矩形梁

【解】

1. 清单工程量计算规则
按设计图示尺寸以体积计算。计量单位：m³。

➡

2. 工程量计算
$$V = (16 - 0.5 \times 3) \times 5 \times 0.3 \times 0.3 + (12 - 0.5 \times 4) \times 4 \times 0.5 \times 0.3$$
$$= 12.525 \text{m}^3$$

⬇

式中：

$16 - 0.5 \times 3$——截面为 400mm × 300mm 梁的单个长度；

$12 - 0.5 \times 4$——截面为 500mm × 300mm 梁的单个长度；

0.3×0.3——截面为 300mm × 300mm 梁的截面面积；

0.5×0.3——截面为 500mm × 300mm 梁的截面面积。

5.2.4 异形梁

项目编码：010502004   项目名称：异形梁

【例5-44】某工程中，根据工程设计要求采用异形梁，已知此工程中柱的截面尺寸：500mm × 500mm；异形梁的相关信息如图 5-44 所示，试根据图纸信息计算该工程中异形梁的工程量。

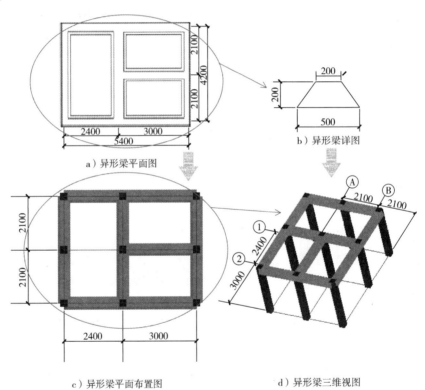

图 5-44   异形梁

【解】

1. 清单工程量计算规则

按设计图示尺寸以体积计算。

计量单位：m³。

2. 工程量计算

$V = (0.2 + 0.5) \times 0.2 \times 0.5 \times [(5.4 - 0.5 \times 2) + 4.2 + (4.2 - 0.5 \times 2) \times 2]$

$= 1.05\text{m}^3$

式中：

（0.2 + 0.5）× 0.2 × 0.5——异形梁的截面面积；

（5.4 - 0.5 × 2）+ 4.2 +（4.2 - 0.5 × 2）× 2——异形梁的净长度。

5.2.5　拱形梁

项目编码：010502005　　项目名称：拱形梁

【例 5-45】某工程中，根据工程设计要求采用拱形梁，已知此工程中，拱高 600mm，弧长约为 6.8m，梁的截面尺寸：400mm × 600mm；拱形梁的相关信息如图 5-45 所示，试根据图纸信息计算该工程中拱形梁的工程量。

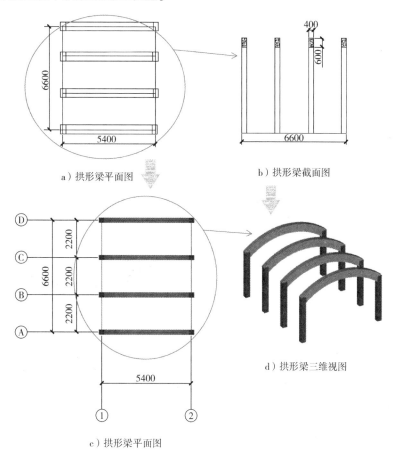

a）拱形梁平面图

b）拱形梁截面图

c）拱形梁平面图

d）拱形梁三维视图

图 5-45　拱形梁

【解】

1. 清单工程量计算规则

按设计图示尺寸以体积计算。

计量单位：m³。

2. 工程量计算

$V = 0.4 × 0.6 × 6.8 × 4$

　 $= 6.528 m^3$

式中：

0.4×0.6——拱形梁的截面面积；

6.8×4——拱形梁的净长度。

5.2.6 过梁

项目编码：010502006　项目名称：过梁

【例5-46】某建筑中，根据设计要求，门窗上需要设置过梁，过梁伸入墙体250mm，M-1 的尺寸为 1200mm×2100mm，M-2 的尺寸为 2400mm×2100mm，C-1 的尺寸为 1800mm×1800mm，C-2 的尺寸为 1500mm×1800mm，具体尺寸和布置情况如图 5-46 所示，试根据图纸信息计算该工程中过梁工程量（内墙为 180mm，外墙为 240mm）。

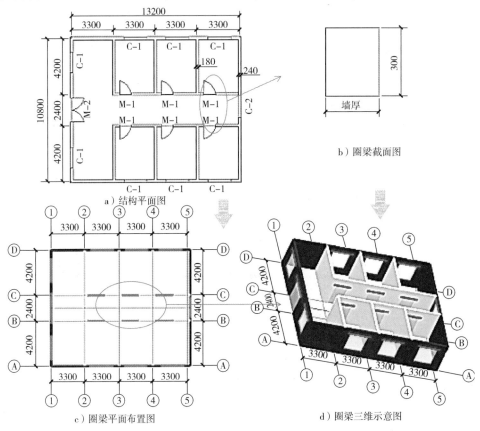

a）结构平面图

b）圈梁截面图

c）圈梁平面布置图

d）圈梁三维示意图

图 5-46　过梁

【解】

1. 清单工程量计算规则

按设计图示尺寸以体积计算。

计量单位：m³。

2. 工程量计算

$V = 0.18×0.3×(1.2+0.25×2)×6+0.24×0.3×[(1.8+0.25×2)×8+(1.5+0.25×2)+(2.4+0.25×2)]$

$= 2.2284m^3$

式中：

0.18×0.3——180mm 墙上的过梁的截面面积；

0.24×0.3——240mm 墙上的过梁的截面面积；

1.2＋0.25×2——单个 M-1 上过梁的净长；

2.4＋0.25×2——单个 M-2 上过梁的净长；

1.8＋0.25×2——单个 C-1 上过梁的净长；

1.5＋0.25×2——单个 C-2 上过梁的净长。

【例5-47】某建筑中，根据设计要求，门窗上需要设置过梁，过梁伸入墙体250mm，所有门的尺寸为1200mm×2100mm，所有的窗的尺寸为1800mm×1800mm，具体尺寸和布置情况如图5-47所示，试根据图纸信息计算该工程中过梁工程量（内墙为180mm，外墙为240mm）。

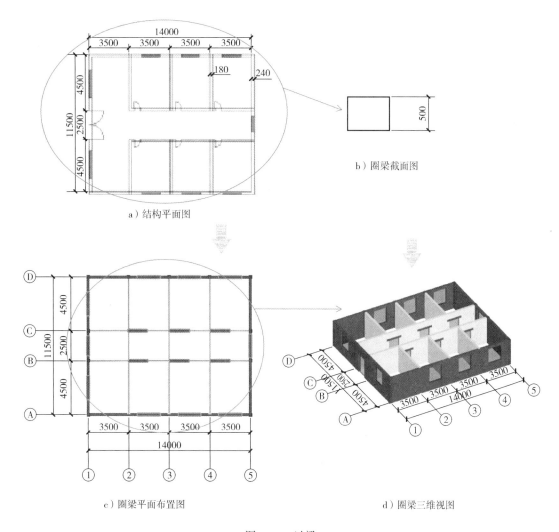

a）结构平面图

b）圈梁截面图

c）圈梁平面布置图

d）圈梁三维视图

图5-47　过梁

【解】

1. 清单工程量计算规则

按设计图示尺寸以体积计算。

计量单位：m^3。

2. 工程量计算

$V = 0.18 \times 0.5 \times (1.2 + 0.25 \times 2) \times 6 + 0.24 \times 0.5 \times (1.8 + 0.25 \times 2) \times 9 + 0.24 \times 0.5 \times (1.2 + 0.25 \times 2)$

$= 3.6 m^3$

式中：

0.18×0.5——180mm 墙上的过梁的截面面积；

0.24×0.5——240mm 墙上的过梁的截面面积；

$1.2 + 0.25 \times 2$——单个门上过梁的净长；

$1.8 + 0.25 \times 2$——单个窗上过梁的净长。

5.2.7 吊车梁

项目编码：010502007   项目名称：吊车梁

【例 5-48】某建筑工程中，钢吊车梁具体尺寸和布置情况如图 5-48 所示，其上下弦杆为 L110×10 的角钢，竖向支撑板为 60mm×600mm 的 6mm 厚钢板。试计算该钢吊车梁工程量。

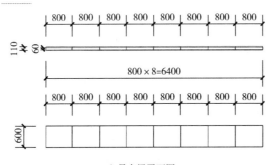

a）吊车梁平面图

b）吊车梁三维图

图 5-48　吊车梁

【解】

1. 清单工程量计算规则

按设计图示尺寸以质量计算。

计量单位：m^3。

2. 工程量计算

上下弦杆工程量 $= 6.4 \times 2 \times 16.69$

$= 213.63 kg = 0.214 t$

竖向支撑板工程量 $= 0.6 \times 0.06 \times 9 \times 47.1$

$= 15.26 kg = 0.015 t$

钢吊车梁 $= 0.214 + 0.015 = 0.229 t$

式中：

6.4×2——上下弦杆的尺寸；

0.6×0.06——竖向支撑板的尺寸；

47.1kg/m²——6mm 厚钢板的理论质量；

16.69kg/m——L110×10 角钢理论质量。

注意：不扣除孔眼的质量，焊条、铆钉、螺栓等不另增加质量，制动梁、制动板、制动桁架、车挡并入钢吊车梁工程量内。

5.2.8 其他梁

项目编码：010502008 项目名称：其他梁

【例5-49】某建筑工程中，依据设计要求使用工字梁，已知柱的尺寸为：1000mm×1000mm，具体尺寸和布置情况如图 5-49 所示，试根据图纸信息计算该工程中工字梁的工程量。

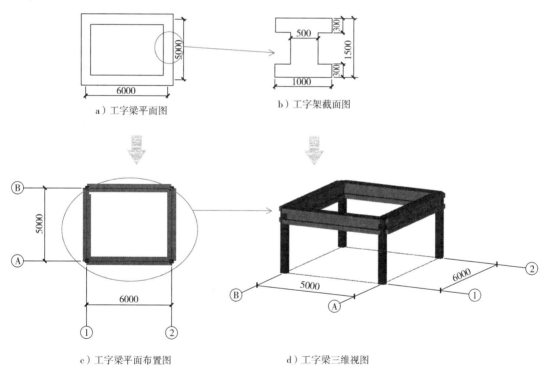

a）工字梁平面图

b）工字架截面图

c）工字梁平面布置图

d）工字梁三维视图

图 5-49 工字梁

【解】

1. 清单工程量计算规则
按设计图示尺寸以体积计算。
计量单位：m³。

2. 工程量计算
$$V = (1 \times 0.3 \times 2 + 0.5 \times 0.9) \times [(6 - 2 \times 1) \times 2 + (5 - 2 \times 1) \times 2]$$
$$= 14.7 \text{m}^3$$

式中：

$1 \times 0.3 \times 2 + 0.5 \times 0.9$——工字梁的截面面积；

$(6 - 2 \times 1) \times 2 + (5 - 2 \times 1) \times 2$——工字梁的净长度。

5.2.9 屋架

项目编码：010502009 **项目名称：屋架**

【例5-50】某建筑工程中，依据设计要求，顶层屋面采用坡屋面，厚度为120mm，具体尺寸和布置情况如图5-50所示，试根据图纸信息计算该工程中顶层屋架的工程量。

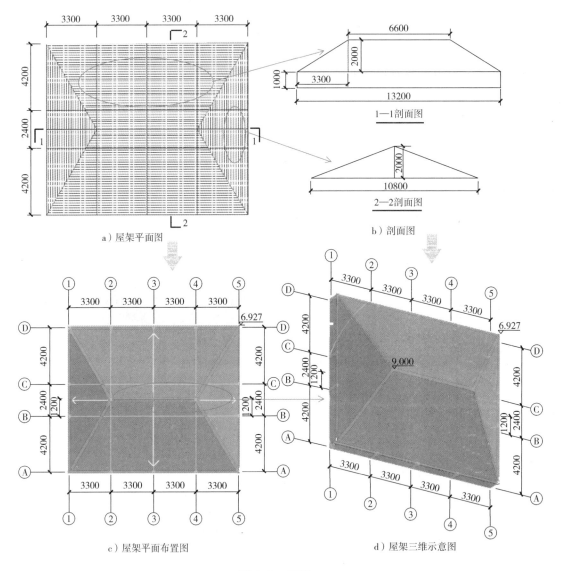

a）屋架平面图

b）剖面图

c）屋架平面布置图

d）屋架三维示意图

图5-50 屋架

【解】

1. 清单工程量计算规则

按设计图示尺寸以体积计算。 ➡

计量单位: m^3。

2. 工程量计算

$V = [10.8 \times (2^2 + 3.3^2)^{1/2} + (6.6 + 13.2) \times (5.4^2 + 2^2)^{1/2}] \times 0.12$

$= (10.8 \times 3.86 + 19.8 \times 5.76) \times 0.12$

$= 155.736 \times 0.12$

$= 18.69 m^3$

⬇

式中:

$10.8 \times (2^2 + 3.3^2)^{1/2}$——屋架三角形部分的面积;

$(6.6 + 13.2) \times (5.4^2 + 2^2)^{1/2}$——屋架梯形部分的面积;

0.12——屋架的板厚。

5.3 装配式预制混凝土构件

5.3.1 实心柱

项目编码: 010503001   项目名称: 实心柱

【例5-51】 在某装配式建筑中, 根据设计要求, 采用现场预制实心柱, 结构简图如图5-51所示, 试计算图中实心柱的工程量。

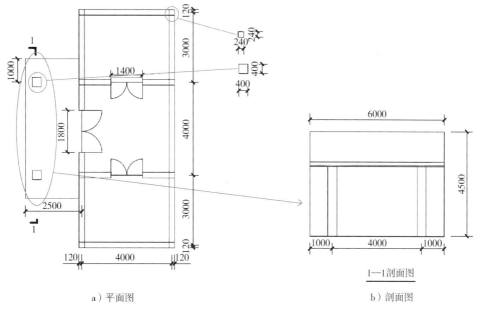

a) 平面图

b) 剖面图

图 5-51 实心柱

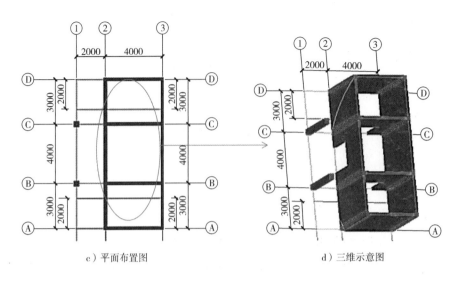

c）平面布置图   d）三维示意图

图 5-51 实心柱（续）

【解】

1. 清单工程量计算规则

按成品构件设计图示尺寸以体积计算。

计量单位：m³。

2. 工程量计算

$V_{柱} = 0.24 \times 0.24 \times 8 + 0.4 \times 0.4 \times 2$

$= 0.78m^3$

式中：

0.24 × 0.24——240mm × 240mm 的实心柱的截面面积；

0.4 × 0.4——400mm × 400mm 的实心柱的截面面积。

注意：不扣除构件内钢筋、预埋件、配管、套管、线盒及单个面积≤0.3m² 的孔洞、线箱等所占体积，构件外露钢筋体积亦不再增加。

5.3.2 单梁

项目编码：010503002   项目名称：单梁

【例 5-52】某建筑工程中采用单梁，单梁的截面尺寸如图 5-52 所示，柱的截面尺寸为300mm × 300mm，试根据图中信息计算该工程中单梁的工程量。

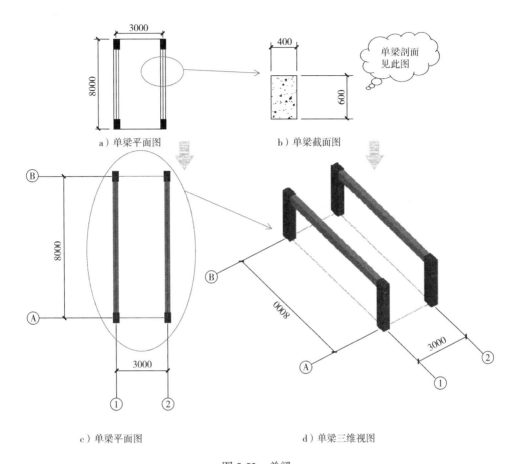

a）单梁平面图　　　　　　　b）单梁截面图

c）单梁平面图　　　　　　　d）单梁三维视图

图5-52　单梁

【解】

1. 清单工程量计算规则

按成品构件设计图示尺寸以体积计算。

计量单位：m^3。

2. 工程量计算

$V_{单梁} = 0.4 \times 0.6 \times 8 \times 3$

　　　$= 5.76 m^3$

式中：

0.4×0.6——单梁的截面面积；

8×3——单梁的总净长度。

注意：不扣除构件内钢筋、预埋件、配管、套管、线盒及单个面积≤0.3m^2的孔洞、线箱等所占体积，构件外露钢筋体积亦不再增加。

5.3.3　叠合梁

项目编码：010503003　　项目名称：叠合梁

【例5-53】某建筑工程中采用叠合梁，即部分采用预制梁，部分采用现浇梁，叠合梁的截面尺寸如图 5-53 所示，柱的截面尺寸为 300mm×300mm，试根据图中信息计算该工程中叠合梁的工程量。

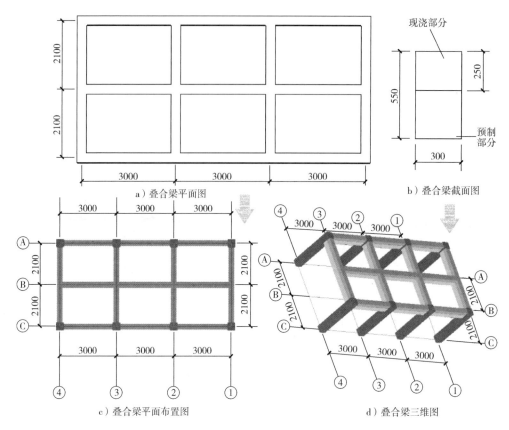

a）叠合梁平面图   b）叠合梁截面图

c）叠合梁平面布置图   d）叠合梁三维图

图 5-53 叠合梁

【解】

1. 清单工程量计算规则

按设计图示截面面积乘以梁长以体积计算。伸入墙内的梁头、梁垫并入梁体积内。

计量单位：m^3。

2. 工程量计算

$$V_{叠合梁} = (0.25 \times 0.3 + 0.3 \times 0.3) \times [(9 - 0.15 \times 2 - 0.3 \times 2) \times 3 + (4.2 - 0.15 \times 2 - 0.3) \times 4]$$
$$= 6.3855 m^3$$

式中：

0.25×0.3——叠合梁现浇梁截面面积；

0.3×0.3——叠合梁预制梁的截面面积；

（9-0.15×2-0.3×2）×3+（4.2-0.15×2-0.3）×4——梁的长度。

注意：梁长：①梁与柱连接时，梁长算至柱侧面；②主梁与次梁连接时，次梁长算至主梁侧面。梁高：梁上部有与梁一起浇筑的现浇板时，梁高算至现浇板底。型钢混凝土梁需扣除构件内型钢体积。

【例 5-54】 某建筑工程中采用叠合梁，即部分采用预制梁，部分采用现浇梁，叠合梁的截面尺寸如图 5-54 所示，柱的截面尺寸为 400mm×400mm，试根据图中信息计算该工程中叠合梁的工程量。

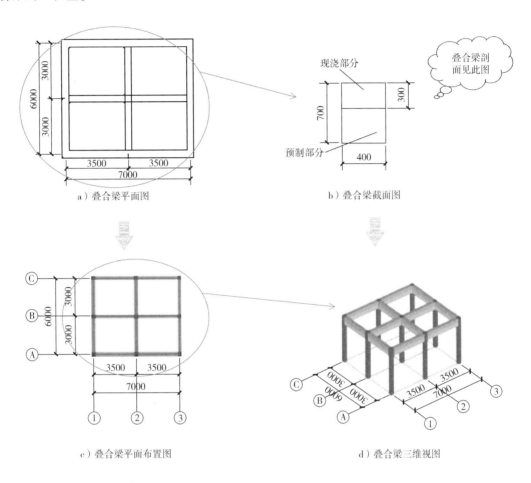

图 5-54 叠合梁

【解】

1. 清单工程量计算规则

按设计图示截面面积乘以梁长以体积计算。伸入墙内的梁头、梁垫并入梁体积内。

计量单位：m³。

2. 工程量计算

$$V = (0.3 \times 0.4 + 0.4 \times 0.4) \times [(7 - 0.2 \times 2 - 0.4) \times 3 + (6 - 0.2 \times 2 - 0.4) \times 3]$$
$$= 9.58 \text{m}^3$$

式中：

0.3×0.4——叠合梁现浇梁截面面积；

0.4×0.4——叠合梁预制梁的截面面积；

$(7 - 0.2 \times 2 - 0.4) \times 3 + (6 - 0.2 \times 2 - 0.4) \times 3$——梁的长度。

注意：梁长：①梁与柱连接时，梁长算至柱侧面；②主梁与次梁连接时，次梁长算至主梁侧面。梁高：梁上部有与梁一起浇筑的现浇板时，梁高算至现浇板底。型钢混凝土梁需扣除构件内型钢体积。

5.3.4 叠合板

项目编码：010503005   项目名称：叠合板

【例5-55】某建筑工程中，根据设计要求采用叠合板施工，具体尺寸如图5-55所示，试根据图纸信息计算该工程中叠合板工程量。

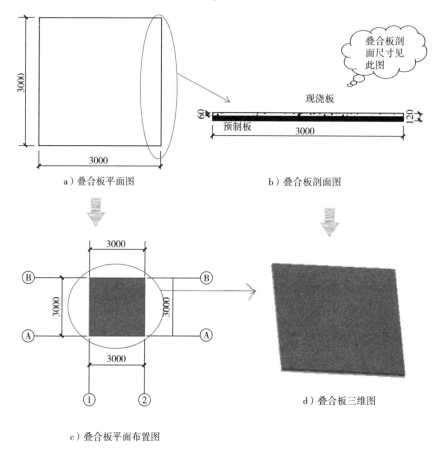

图 5-55　叠合板

【解】

1. 清单工程量计算规则

按成品构件设计图示尺寸以体积计算。

计量单位：m³。

2. 工程量计算

$$V_{圈梁} = 0.12 \times 3 \times 3$$
$$= 1.08 \text{m}^3$$

式中：

0.12×3——叠合板截面面积；

3——叠合板长度。

注意：不扣除构件内钢筋、预埋件、配管、套管、线盒及单个面积≤0.3m²的孔洞、线箱等所占体积，构件外露钢筋体积亦不再增加。

【例5-56】某建筑工程中，根据设计要求采用叠合板施工，具体尺寸如图5-56所示，试根据图纸信息计算该工程中叠合板工程量。

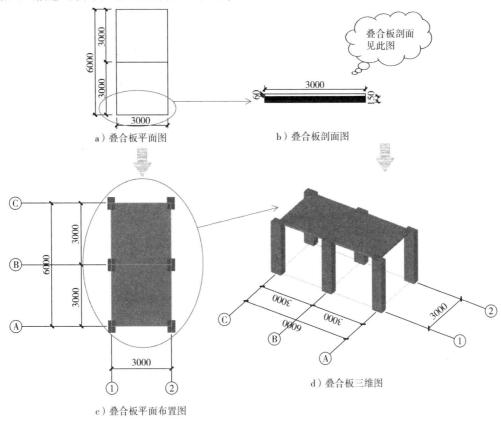

a）叠合板平面图　　b）叠合板剖面图

c）叠合板平面布置图　　d）叠合板三维图

图 5-56　叠合板

【解】

1. 清单工程量计算规则

按成品构件设计图示尺寸以体积计算。　➡　

计量单位：m³。

2. 工程量计算

$V_{圈梁} = 0.15 \times 3 \times 3 \times 2$

$= 2.7 m^3$

式中：

0.15×3——叠合板截面面积；

3——叠合板长度；

2——两块板。

注意：不扣除构件内钢筋、预埋件、配管、套管、线盒及单个面积≤0.3m² 的孔洞、线箱等所占体积，构件外露钢筋体积亦不再增加。

5.3.5 女儿墙

项目编码：010503010　　项目名称：女儿墙

【例 5-57】某建筑中，根据设计要求，需要在房顶设置高 1200mm、120mm 厚的女儿墙，具体尺寸和布置情况如图 5-57 所示，试根据图纸信息计算该工程中女儿墙的工程量。

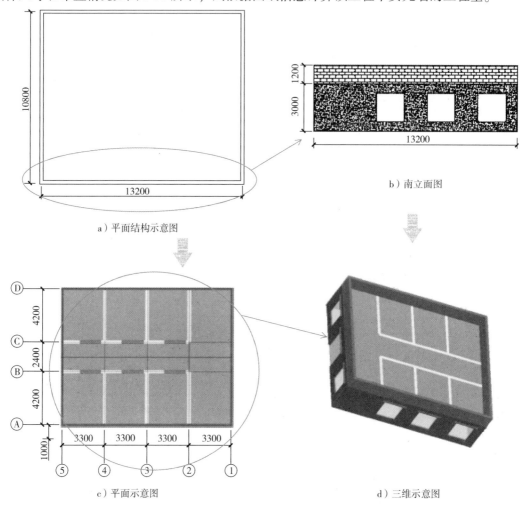

图 5-57　女儿墙

【解】

1. 清单工程量计算规则

按成品构件设计图示尺寸以体积计算。

计量单位：m³。

2. 工程量计算

$$V_{女儿墙} = 0.12 \times 1.2 \times (13.2 + 10.8) \times 2$$
$$= 0.144 \times 48$$
$$= 6.912 m^3$$

式中：

0.12×1.2——女儿墙的截面面积；

（13.2＋10.8）×2——女儿墙的长度。

注意：不扣除构件内钢筋、预埋件、配管、套管、线盒及单个面积≤0.3m² 的孔洞、线箱等所占体积，构件外露钢筋体积亦不再增加。

【例 5-58】 某建筑中，根据设计要求，需要在房顶设置高 1500mm、120mm 厚的女儿墙，具体尺寸和布置情况如图 5-58 所示，试根据图纸信息计算该工程中女儿墙的工程量。

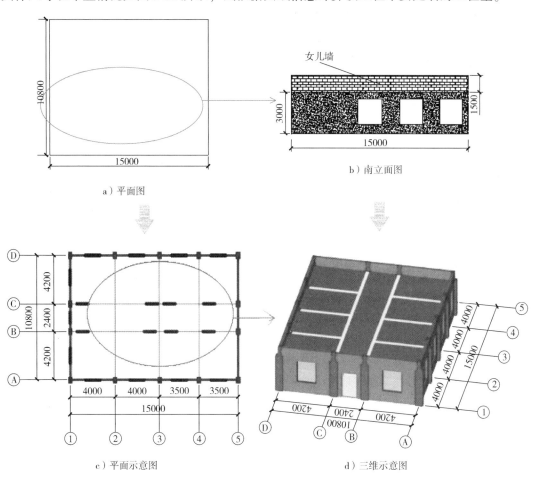

a）平面图　　　　b）南立面图

c）平面示意图　　　　d）三维示意图

图 5-58　女儿墙

【解】

1. 清单工程量计算规则

按成品构件设计图示尺寸以体积计算。

计量单位：m³。

2. 工程量计算

$V_{女儿墙}=0.12×1.5×(15+10.8)×2$

$=9.288m^3$

式中：

　　0.12×1.5——女儿墙的截面面积；

　　(15+10.8)×2——女儿墙的长度。

注意：不扣除构件内钢筋、预埋件、配管、套管、线盒及单个面积≤0.3m² 的孔洞、线箱等所占体积，构件外露钢筋体积亦不再增加。

5.3.6　楼梯

项目编码：010503011　　　项目名称：楼梯

【例5-59】某六层建筑物，如图5-59所示，采用预制混凝土楼梯。试根据图纸信息计算该工程中预制楼梯的工程量。

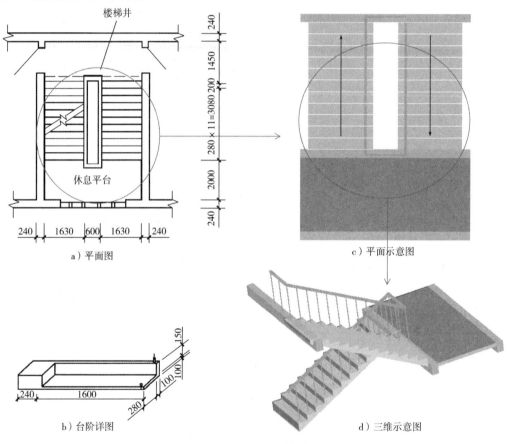

图5-59　预制混凝土楼梯

【解】

1. 清单工程量计算规则

　　按成品构件设计图示尺寸以体积计算。

　　计量单位：m³。

➡

2. 工程量计算

$$V_{楼梯} = [(1.6+0.24)\times(0.28+0.1)\times(0.15+0.1)-0.28\times0.15\times1.6]\times10\times2\times5$$
$$= 10.76m^3$$

⬇

式中：

$(1.6 + 0.24) \times (0.28 + 0.1) \times (0.15 + 0.1) - 0.28 \times 0.15 \times 1.6$——单级台阶体积；

10×2——每层 20 级楼梯；

5——建筑物 6 层，则共有 5 层楼梯。

注意：不扣除构件内钢筋、预埋件、配管、套管、线盒及单个面积 ≤ 0.3m² 的孔洞、线箱等所占体积，构件外露钢筋体积亦不再增加。

5.3.7　阳台

项目编码：010503012　　项目名称：阳台

【例 5-60】某工程阳台部分采用预制阳台，该建筑层高为 3m，墙厚为 200mm，图中设推拉门 TLM1622 和 TLM1824，窗 C0915，平面布置图如图 5-60 所示，试根据图纸信息计算该工程中预制阳台的工程量。

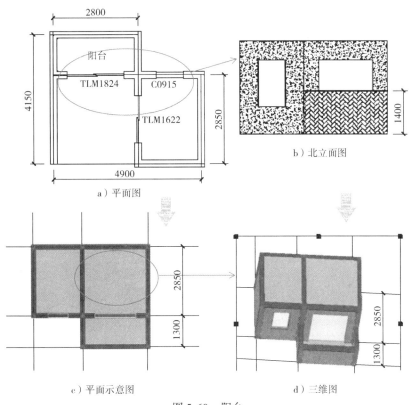

图 5-60　阳台

【解】

1. 清单工程量计算规则	2. 工程量计算
按成品构件设计图示尺寸以体积计算。	$V = 0.2 \times 1.4 \times (1.3 + 2.8 + 1.3)$
计量单位：m³。	$= 0.28 \times 5.4$
	$= 1.512\text{m}^3$

式中：

0.2×1.4——阳台截面面积；

1.3+2.8+1.3——阳台的净长度。

注意：不扣除构件内钢筋、预埋件、配管、套管、线盒及单个面积≤0.3m²的孔洞、线箱等所占体积，构件外露钢筋体积亦不再增加。

5.3.8 凸（飘）窗

项目编码：010503013 项目名称：凸（飘）窗

【例5-61】某工程设计的飘窗，结构图如图5-61所示，试根据图纸信息计算该工程中飘窗的混凝土工程量。

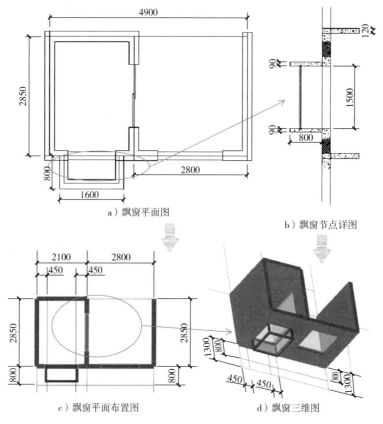

a）飘窗平面图

b）飘窗节点详图

c）飘窗平面布置图

d）飘窗三维图

图5-61 凸（飘）窗

【解】

1. 清单工程量计算规则

按设计图示尺寸以体积计算。

计量单位：m³。

2. 工程量计算

$V_{梁} = 0.8 \times 0.09 \times 1.6 \times 2$

$= 0.072 \times 1.6 \times 2$

$= 0.2304 \text{m}^3$

式中：

0.8×0.09——飘窗上下两个板的单个截面面积；

1.6——板的长度。

注意：不扣除单个面积≤0.3m²的柱、垛以及孔洞所占体积，板伸入砌体墙内的板头以及板下柱帽并入板体积内。有梁板（包括主、次梁与板）按梁、板体积之和计算。

5.3.9 空调板

项目编码：010503014　　项目名称：空调板

【例5-62】某工程按设计要求，在窗户下500mm处设置厚为200mm的空调板，该建筑层高为3.5m，墙厚为240mm，平面布置图如图5-62所示，试根据图纸信息计算该工程中预制空调板的工程量。

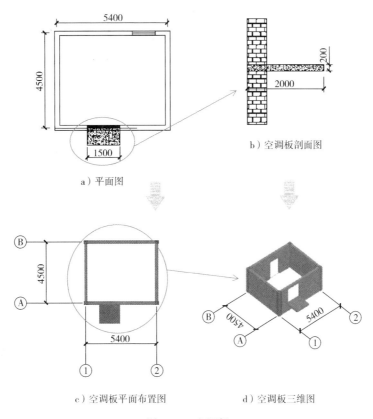

a）平面图　　　　b）空调板剖面图

c）空调板平面布置图　　　　d）空调板三维图

图5-62　空调板

【解】

1. 清单工程量计算规则

按成品构件设计图示尺寸以体积计算。计量单位：m³。

2. 工程量计算

$V = 1 \times 1.5 \times 0.2$

$= 0.3 \text{m}^3$

式中：

1×1.5——空调板的截面面积；

0.2——空调板的厚度。

注意：不扣除构件内钢筋、预埋件、配管、套管、线盒及单个面积≤0.3m² 的孔洞、线箱等所占体积，构件外露钢筋体积亦不再增加。

5.3.10 压顶

项目编码：010503015　项目名称：压顶

【例5-63】某工程屋顶女儿墙部分采用混凝土压顶，压顶截面宽度260mm，截面高度200mm，女儿墙中心线长度为13200mm×10800mm，布置图如图5-63所示，试根据图纸信息计算该工程中压顶的工程量。

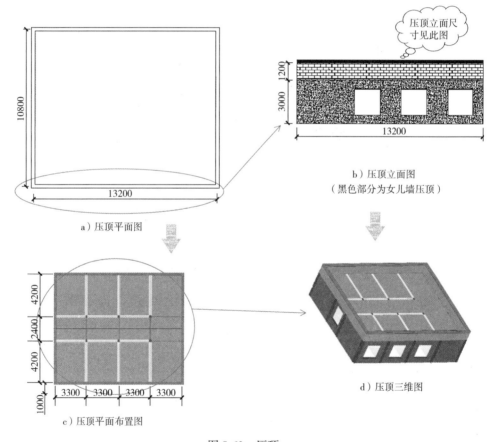

图5-63　压顶

【解】

1. 清单工程量计算规则

按设计图示尺寸以体积计算。

计量单位：m³。

2. 工程量计算

$$V_{板} = 0.26 \times 0.2 \times (13.2 + 10.8) \times 2$$
$$= 0.052 \times 48 = 2.496 \text{m}^3$$

式中：

0.26×0.2——女儿墙压顶的截面面积；

(13.2+10.8)×2——中心线的总长度。

注意：不扣除单个面积≤0.3m²的柱、垛以及孔洞所占体积，板伸入砌体墙内的板头以及板下柱帽并入板体积内。

5.4 后浇混凝土

5.4.1 后浇带

项目编码：010504001　　项目名称：后浇带

【例5-64】某建筑为防止现浇钢筋混凝土结构由于自身收缩不均或沉降不均，按要求设计后浇带，已知层高为3m，布置图如图5-64所示，试根据图纸信息计算该工程中后浇带的工程量。

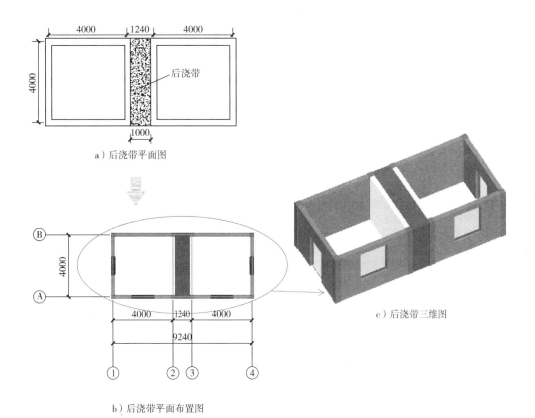

a）后浇带平面图

b）后浇带平面布置图

c）后浇带三维图

图5-64　后浇带

【解】

1. 清单工程量计算规则

按设计图示尺寸以体积计算。

计量单位：m³。

2. 工程量计算

$$V_{后浇带} = 1 \times 4 \times 3$$
$$= 12m^3$$

式中：

1×4——后浇带的截面面积。

5.4.2 叠合梁板

项目编码：010504002   项目名称：叠合梁板

【例5-65】某工程按照设计要求，采用叠合梁板，布置图如图5-65所示，试根据图纸信息计算该工程中叠合梁板的工程量。

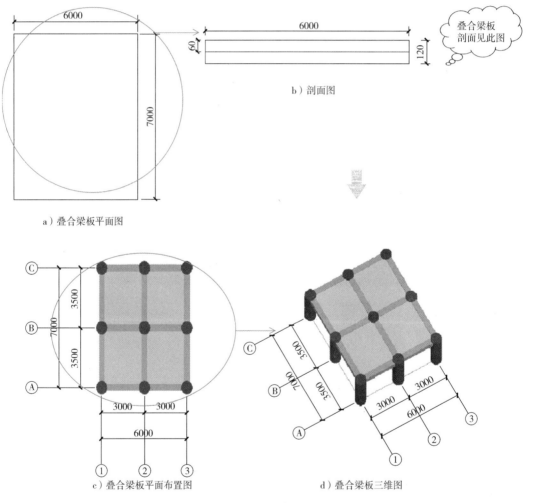

a）叠合梁板平面图

b）剖面图

叠合梁板剖面见此图

c）叠合梁板平面布置图

d）叠合梁板三维图

图 5-65　叠合梁板

【解】

　　1. 清单工程量计算规则　　　　　2. 工程量计算

按设计图示尺寸以体积计算。　　　　$V_{叠合梁板} = 0.12 \times 6 \times 7$

计量单位：m^3。　　　　　　　　　　　　$= 5.04 m^3$

式中：

0.12——后浇带的总高度；

6×7——叠合梁板的截面面积。

5.4.3 叠合剪力墙

项目编码：010504003　　　项目名称：**叠合剪力墙**

【例 5-66】某工程按照设计要求，采用叠合剪力墙设计，布置图如图 5-66 所示，试根据图纸信息计算该工程中叠合剪力墙的工程量。

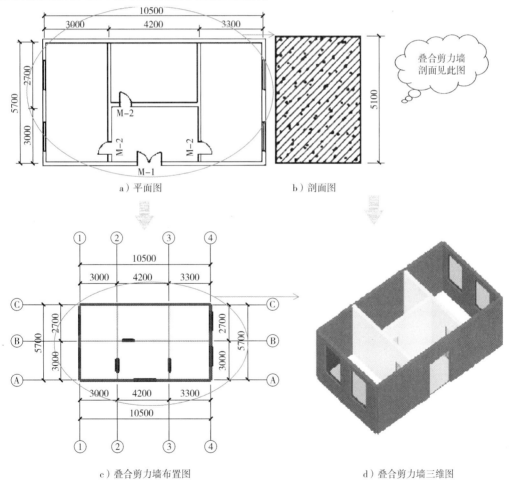

a）平面图　　　　　　　　　　b）剖面图

c）叠合剪力墙布置图　　　　　　　d）叠合剪力墙三维图

图 5-66　叠合剪力墙

【解】

1. 清单工程量计算规则

按设计图示尺寸以体积计算。

计量单位：m^3。

2. 工程量计算

$$V_{墙} = [(10.5 + 5.7) \times 2 + (5.7 - 0.24) \times 2 + 4.2 - 0.24] \times 5.1 \times 0.24$$
$$= 57.87 m^3$$

式中：

10.5、5.7——纵横墙的长度；

5.7 - 0.24、4.2 - 0.24——内墙长度；

5.1——墙高。

5.5 钢筋及螺栓、铁件

5.5.1 现浇构件钢筋

项目编码：010505001　　项目名称：现浇构件钢筋

【例5-67】某 C30 现浇混凝土灌注桩，尺寸及配筋如图 5-67 所示，混凝土保护层厚度为 40mm，求其钢筋的工程量。

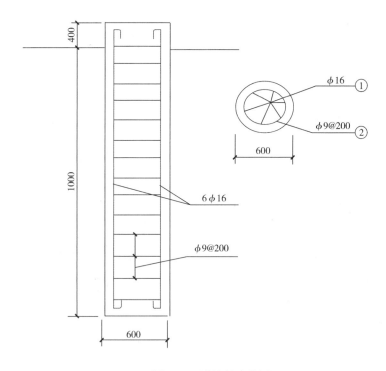

图 5-67　灌注桩配筋图

【解】

1. 清单工程量计算规则

按设计图示钢筋长度乘单位理论质量计算，设计（包括规范规定）标明的搭接和锚固长度应计算在内。马凳筋、定位筋等非设计结构配筋，按设计及施工规范要求或实际施工方案计算工程量。➡

计量单位：t。

式中：

0.04——混凝土保护层厚度；

0.016——①号筋直径。

2. 工程量计算

①号筋 $6\phi16$（主筋）：

单支长：$L = 10.0 + 0.25 - 2 \times 0.04 + 12.5 \times 0.016$
$= 10.37\text{m}$

质量：$W_1 = 10.37 \times 6 \times 1.58 = 98.3076\text{kg}$

②号筋 $\phi9@200$（螺旋箍筋）：

$$L = \frac{10.0 - 2 \times 0.04}{0.2} \times \sqrt{0.2^2 + (0.6 - 2 \times 0.04)^2 \times 3.14^2}$$
$$= 81.59\text{m}$$

质量 $W_2 = 81.59 \times 0.395 = 32.228\text{kg}$

钢筋总质量 $W_总 = 98.3076 + 32.228$
$= 130.54\text{kg}$
$= 0.13\text{t}$

⬇

5.5.2 预制构件钢筋

项目编码：010505002　项目名称：预制构件钢筋

【例5-68】某圆形预制钢筋混凝土柱，混凝土保护层厚度为30mm，如图5-68所示，计算其工程量。

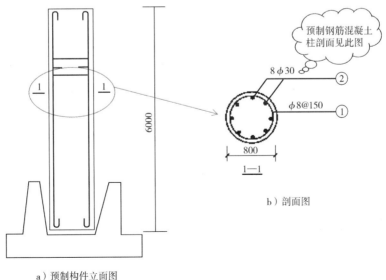

图5-68　预制钢筋混凝土柱配筋图

【解】

1. 清单工程量计算规则

按设计图示或选用图集钢筋长度乘单位理论质量计算。

计量单位：t。

2. 工程量计算

1）混凝土工程量：

$$V = 3.14 \times 0.4 \times 0.4 \times 6.0 = 3.0144 m^3$$

2）钢筋工程量：$\phi 8$　$\rho = 0.395 kg/m$

$\phi 30$　$\rho = 5.55 kg/m$

①$\phi 8$：$W_8 = (6.0 \div 0.2 + 1) \times 2 \times 3.14 \times (0.4 - 0.03) \times 0.395 = 28.45 kg$

②$\phi 30$：$W_{30} = 8 \times (6.0 - 0.03 \times 2 + 6.25 \times 0.03 \times 2) \times 5.55 = 280.386 kg$

钢筋总质量：$W = 28.45 + 280.386 = 308.836 kg = 0.31 t$

式中：

$3.14 \times 0.4 \times 0.4$——圆柱截面面积；

6.0——柱的高度；

0.2——箍筋间距；

$6.0 \div 0.2 + 1$——钢筋根数；

$2 \times 3.14 \times (0.4 - 0.03)$——箍筋长度；

0.03——保护层厚度；

0.395——$\phi 8$ 钢筋的密度；

0.03×2——两端保护层厚度；

6.25——弯钩系数；

0.03——钢筋直径；

5.55——$\phi 30$ 钢筋的密度。

5.5.3　钢筋网片

项目编码：010505003　　项目名称：钢筋网片

【例5-69】某工程中为了防止墙面裂缝，在混凝土和砌体墙之间增设钢筋网片，层高为 3m，墙厚为 240mm，M-1 的尺寸为 1000mm×2100mm，M-2 的尺寸为 2000mm×2100mm，C-1 的尺寸为 1500mm×1000mm，$\phi 8$（$\rho = 0.395 kg/m$）钢筋网片，间距 100mm×100mm 布置，如图 5-69 所示，轴线均与墙中心线重叠，试根据图纸信息计算该工程中钢筋网片的工程量。

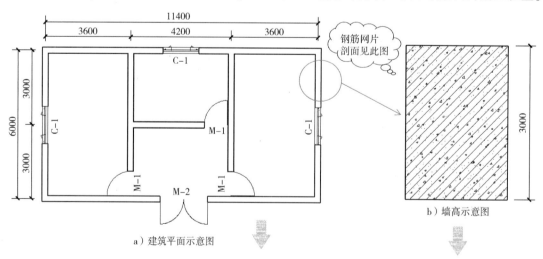

a）建筑平面示意图

b）墙高示意图

图 5-69　钢筋网片

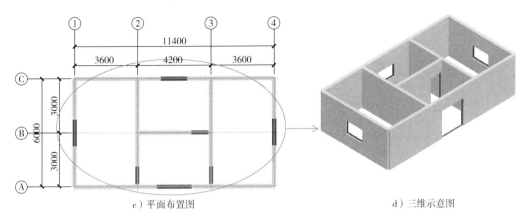

c）平面布置图　　　　　　　　　d）三维示意图

图5-69　钢筋网片（续）

【解】

1. 清单工程量计算规则

按设计图示钢筋（网）长度（面积）乘单位理论质量计算。

计量单位：t。

2. 工程量计算

$S_{门、窗} = 1 \times 2.1 \times 3 + 2.0 \times 2.1 + 1.5 \times 1.0 \times 3$
$= 6.3 + 4.2 + 4.5$
$= 15 m^2$

$S_{墙} = [(10.5 + 5.7) \times 2 + (5.7 - 0.24) \times 2 + 4.2 - 0.24] \times 5.1$
$= 241.128 m^2$

$S_{墙-门窗} = 241.128 - 15$
$= 226.128 m^2$

$L_{每平方米钢筋网片} = 1.0 \times 10 \times 2$
$= 20 m$

$L_{钢筋网片总工程量} = 20 \times 226.128$
$= 4522.56 m$

钢筋总质量：$W = 4522.56 \times 0.395$
$= 1786.4112 kg$
$= 1.79 t$

式中：

1×2.1——窗 C-1 的尺寸；

2.0×2.1——门 M-1 的尺寸；

1.5×1.0——门 M-2 的尺寸；

10.5、5.7——纵横墙的长度；

$5.7 - 0.24$、$4.2 - 0.24$——内墙长度；

5.1——墙高。

5.5.4 钢筋笼

项目编码：010505004　　项目名称：钢筋笼

【例5-70】如图5-70所示钻孔灌注桩，内置钢筋笼，桩长18m，试计算该钢筋笼工程量。

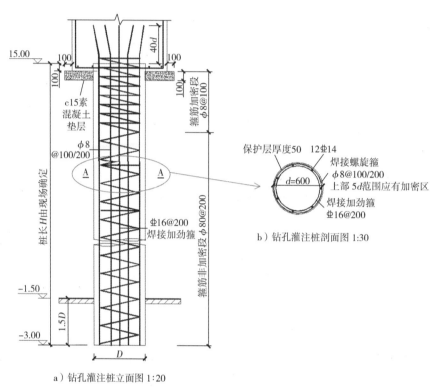

a）钻孔灌注桩立面图 1:20

b）钻孔灌注桩剖面图 1:30

图 5-70　钢筋笼

【解】

1. 清单工程量计算规则

按设计图示钢筋（网）长度（面积）乘单位理论质量计算。

计量单位：t。

2. 工程量计算

螺旋箍圈数：$N = 10 \div 0.2 + 5 \div 0.1 + 1 = 101$ 圈

螺旋箍筋工程量：$W_1 = 3.14 \times (0.6 - 0.05 \times 2) \times 101 \times 0.395$
$$= 62.635 \text{kg}$$

主筋工程量：$W_2 = 12 \times (18 + 0.4) \times 7 \times 1.2084$
$$= 1867.703 \text{kg}$$

焊接加劲筋工程量：$W_3 = 18 \div 0.2 \times (0.6 - 0.05 \times 2) \times 3.14$
$$\times 1.58$$
$$= 223.254 \text{kg}$$

钢筋笼工程量：$W = 62.635 + 1867.703 + 223.254$
$$= 2153.59 \text{kg}$$
$$= 2.15 \text{t}$$

式中:

10——箍筋非加密区长度;

5——箍筋非加密区长度;

0.6 - 0.05 ×2——螺旋箍筋直径;

0.395——ϕ8 钢筋的理论质量;

12——主筋根数;

1.2084——ϕ14 钢筋的理论质量;

1.58——ϕ16 钢筋的理论质量。

5.5.5　植筋

项目编码: 010505008　　项目名称: 植筋

【例 5-71】某工程在挡土墙内设置植筋, 挡土墙长 10m, 平面布置如图 5-71 所示, 试求植筋工程量。

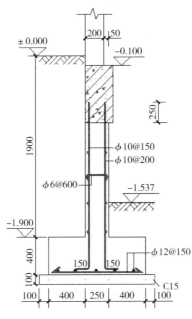

图 5-71　植筋布置图

【解】

1. 清单工程量计算规则

按数量计算。

计量单位: 个。

➡

2. 工程量计算

直径为 10mm 钢筋数量:

$N_1 = 10 \div 0.15 + 1 + 10 \div 0.2 + 1 = 66 + 1 + 50 + 1 = 118$ 个

直径为 6mm 钢筋数量:

$N_2 = 10 \div 0.6 + 1 = 17$ 个

直径为 12mm 钢筋数量:

$N_3 = 10 \div 0.15 + 1 + 1.25 \div 0.15 + 1 = 67 + 9 = 76$ 个

⬇

式中：

10——挡土墙长度；

0.15、0.2——直径为 10mm 钢筋的间距；

0.6——直径为 6mm 钢筋的间距；

1.25——挡土墙宽度。

5.5.6 钢丝网

项目编码：010505009   项目名称：**钢丝网**

【例 5-72】某场馆在外围设置钢丝网如图 5-72 所示，试计算钢丝网工程量。

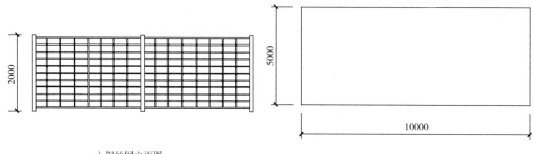

a）钢丝网立面图

b）场馆平面图

图 5-72   钢丝网平面布置图

【解】

1. 清单工程量计算规则

按设计及规范要求，以面积计算。

计量单位：m^2。

2. 工程量计算

$S_{钢丝网} = 2.0 \times (5 + 10) \times 2$

$\qquad = 60m^2$

式中：

2.0——钢丝网高度；

$(5 + 10) \times 2$——场馆的周长。

5.5.7 螺栓

项目编码：0105050010   项目名称：**螺栓**

【例 5-73】已知某构件使用规格全丝 10×50 螺栓（图 5-73）3500 个，试计算该构件内螺栓工程量。

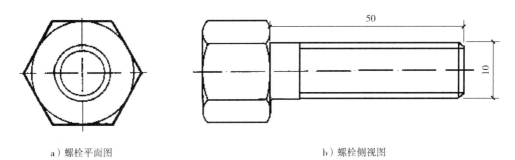

a）螺栓平面图　　　　　　　　　　　　b）螺栓侧视图

图 5-73　螺栓

【解】

1. 清单工程量计算规则

按设计图示尺寸及规范要求以质量计算。

计量单位：t。

2. 工程量计算

螺栓质量：$W = 28 \times 3.5$
　　　　　　　$= 98 \text{kg}$
　　　　　　　$= 0.098 \text{t}$

式中：

28——每千个 10×50 不带螺母螺栓理论质量；

3.5——螺栓数量。

5.5.8　预埋件

项目编码：0105050011　　项目名称：预埋件

【例 5-74】如图 5-74 所示，某现浇构件中设置两个预埋件，采用 10mm 厚钢板，试计算该预埋件工程量。

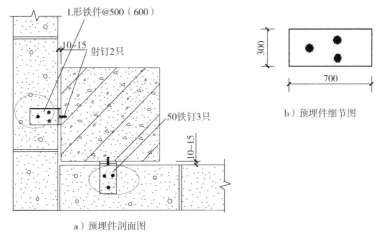

a）预埋件剖面图

b）预埋件细节图

图 5-74　预埋件平面布置图

【解】

1. 清单工程量计算规则

按设计图示尺寸以质量计算。

计量单位：t。

2. 工程量计算

$W = 0.3 \times 0.7 \times 0.01 \times 2 \times 78.5$

$= 0.3297 \text{kg}$

式中：

0.3 × 0.7——预埋构件尺寸；

2——预埋构件数量；

78.5——铁件的理论质量。

第6章 金属结构工程

6.1 钢网架

项目编码：010601001   项目名称：钢网架

【例6-1】某工程采用预制钢管桩（桩径426mm，壁厚为8mm，每米重量约为82.97kg），工程示意图如图6-1所示，试根据图示信息计算该工程钢管桩的工程量。

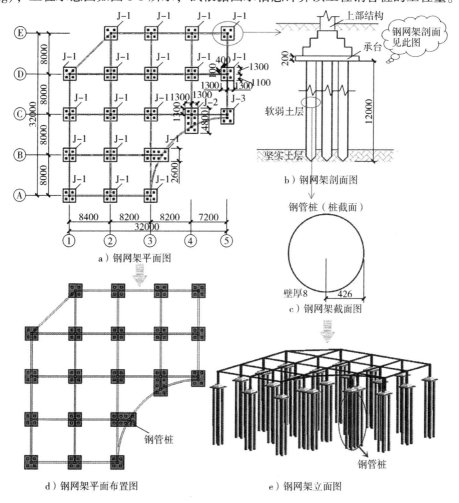

图 6-1　钢网架示意图

【解】

1. 清单工程量计算规则

钢网架的工程量按设计图示尺寸以质量计算。

计量单位：t。

2. 工程量计算

$W = 82.97 \times 12 \times 111$
$= 110516.04$ kg

总质量：110516.04kg = 110.5t

式中：

82.97——桩每米质量；

12——桩长；

111——桩数。

注意：不扣除孔眼的质量，焊条、铆钉等不另增加。螺栓质量要计算。

6.2 钢屋架

6.2.1 钢屋架

项目编码：010602001　　项目名称：钢屋架

【例6-2】 如图 6-2 所示的钢屋架，试求其工程量（8mm 厚钢板理论质量 62.8kg/m²，L50×50 角钢理论质量 3.77kg/m）。

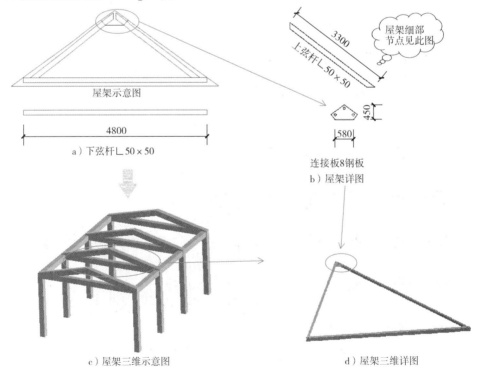

屋架示意图

4800

a) 下弦杆 L 50 × 50

3300

上弦杆 L 50 × 50

屋架细部节点见此图

450

580

连接板8钢板

b) 屋架详图

c) 屋架三维示意图

d) 屋架三维详图

图 6-2　屋架示意图

【解】

1. 清单工程量计算规则

按设计图示尺寸以质量计算。

计量单位：t。

2. 工程量计算

8mm 厚钢板理论质量62.8kg/m²

L50×50 角钢理论质量3.77kg/m

$W_{上弦杆} = 3.3 \times 3.77 \times 2 = 24.88kg = 0.025t$

$W_{下弦杆} = 4.8 \times 3.77 = 18.09kg = 0.018t$

$W_{连接板} = 62.8 \times 0.58 \times 0.45 = 16.39kg = 0.016t$

式中：

3.3、4.8——上、下弦杆长度；

3.77——L50×50 角钢理论质量；

62.8——8mm 厚钢板理论质量；

0.58×0.45——连接板尺寸。

注意：不扣除孔眼的质量，焊条、铆钉、螺栓等不另增加质量。

6.2.2　钢托架

项目编码：010602002　　项目名称：钢托架

【例6-3】 如图6-3所示的钢托架，上弦杆和斜向支撑杆为 L50×50 的角钢，连接板为 200mm×400mm 的 8mm 厚钢板。试求其工程量。

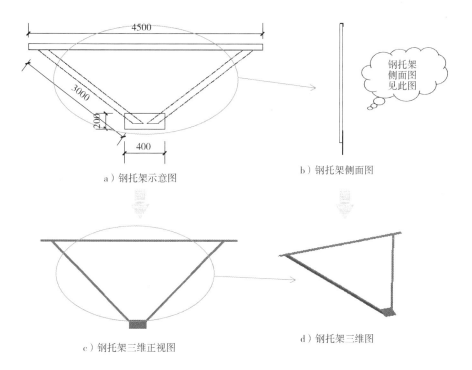

a）钢托架示意图　　　　b）钢托架侧面图

c）钢托架三维正视图　　　d）钢托架三维图

图6-3　钢托架平面三维示意图

【解】

2. 工程量计算

8mm 厚钢板理论质量 62.8kg/m²

L110 × 10 角钢理论质量 16.69kg/m

1. 清单工程量计算规则

按设计图示尺寸以质量计算。

计量单位：t。

➡

(1) L50 × 50 角钢：$W_1 = (4.5 + 3.0 \times 2) \times 16.69$
$= 175.25kg = 0.18t$

(2) 连接板：$W_2 = 0.2 \times 0.4 \times 62.8 = 5.02kg$
$= 0.005t$

(3) 钢托架：$W_3 = 0.18 + 0.005 = 0.185t$

⬇

式中：

4.5 + 3.0 × 2——上弦杆和两个斜向支撑杆的长度；

16.69——L50 × 50 角钢理论质量；

0.2 × 0.4——钢连接板尺寸；

62.8——8mm 厚钢板理论质量。

6.2.3 钢桁架

项目编码：010602003　　项目名称：钢桁架

【例 6-4】某建筑钢桁架如图 6-4 所示，已知上下弦以及斜向支撑均采用 L110 × 10 的角钢，连接板采用 200mm × 400mm 厚 8mm 的钢板。试计算次钢桁架工程量。

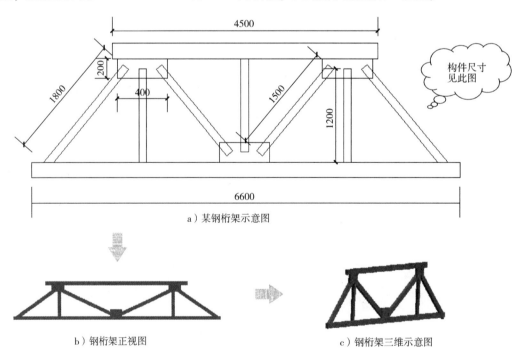

a) 某钢桁架示意图

b) 钢桁架正视图　　　　　　c) 钢桁架三维示意图

图 6-4　某钢桁架示意图

【解】

1. 清单工程量计算规则

按设计图示尺寸以 ➡ 质量计算。

计量单位：t。

2. 工程量计算

8mm 厚钢板理论质量 62.8kg/m²

L110×10 角钢理论质量 16.69kg/m

$(1) W_{上下弦杆} = (4.5 + 6.6) \times 16.69$

$= 185.26kg = 0.185t$

$(2) W_{竖向支撑杆} = 1.2 \times 3 \times 16.69$

$= 60.08kg = 0.06t$

$(3) W_{斜向支撑杆} = (1.8 \times 2 + 1.5 \times 2) \times 16.69$

$= 110.15kg = 0.11t$

$(4) W_{连接板} = 0.2 \times 0.4 \times 62.8 \times 3$

$= 15.07kg = 0.015t$

$(5) W_{钢桁架} = 0.185 + 0.06 + 0.11 + 0.015$

$= 0.37t$

➡

式中：

4.5 + 6.6——上下弦杆的长度；

16.69——L50×50 角钢理论质量；

1.2×3——竖向支撑杆的长度；

1.8×2 + 1.5×2——四根斜向支撑杆的长度；

0.2×0.4——钢连接板尺寸；

62.8——8mm 厚钢板理论质量。

注意：不扣除孔眼的质量，焊条、铆钉、螺栓等不另增加质量。

6.2.4 钢桥架

项目编码：010602004   项目名称：钢桥架

【例 6-5】某桥梁钢架如图 6-5 所示，钢桥架采用厚 8mm 的钢板。试计算此钢桥架工程量（8mm 厚钢板理论质量 62.8kg/m²）。

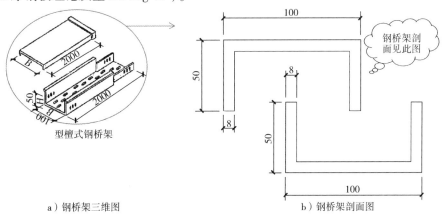

a）钢桥架三维图　　　　　　b）钢桥架剖面图

图 6-5 某钢桥架示意图

【解】

1. 清单工程量计算规则
按设计图示尺寸以质量计算。
计量单位：t。

2. 工程量计算

$L_{钢桥架展开} = 50 \times 2 + 100 + 100 + 50 \times 2$
$= 400mm = 0.4m$
$W = 0.4 \times 2 \times 62.8 = 50.24kg$
$= 0.050t$

式中：
$50 \times 2 + 100$——钢桥架展开长度；
$100 + 50 \times 2$——上盖的展开长度；
2——钢桥架的长度；

注意：不扣除孔眼的质量，焊条、铆钉、螺栓等不另增加质量。

6.3 钢柱

6.3.1 实腹钢柱

项目编码：010603001　　项目名称：实腹钢柱

【例6-6】在某一工程中，首层部分采用实腹钢柱，已知层高为3m，该钢柱的每米理论重量是247kg/m，其他相关信息如图6-6所示，试根据图纸信息计算该工程中的实腹钢柱的工程量。

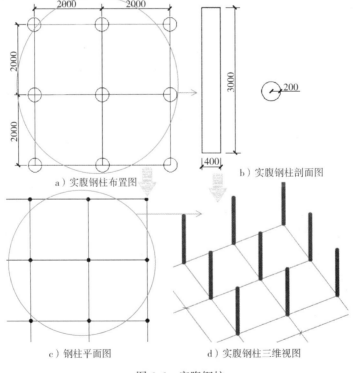

a）实腹钢柱布置图　　　　b）实腹钢柱剖面图

c）钢柱平面图　　　　　d）实腹钢柱三维视图

图6-6　实腹钢柱

【解】

1. 清单工程量计算规则

按设计图示尺寸以质量计算。

计量单位：t。

2. 工程量计算

$W = 3 \times 9 \times 247 = 6669 \text{kg}$

$= 6.669 \text{t}$

式中：

3×9——实心钢柱的总长度；

247——钢柱的每米的理论重量。

注意：不扣除孔眼的质量，焊条、铆钉、螺栓等不另增加质量，依附在钢柱上的牛腿及悬臂梁等并入钢柱工程量内。

6.3.2　空腹钢柱

项目编码：010603002　　项目名称：空腹钢柱

【例6-7】在某一工程中，首层部分采用空腹钢柱，已知层高为2.7m，该钢柱的每米理论重量是314kg/m，其他相关信息如图6-7所示，试根据图纸信息计算该工程中的空腹钢柱的工程量。

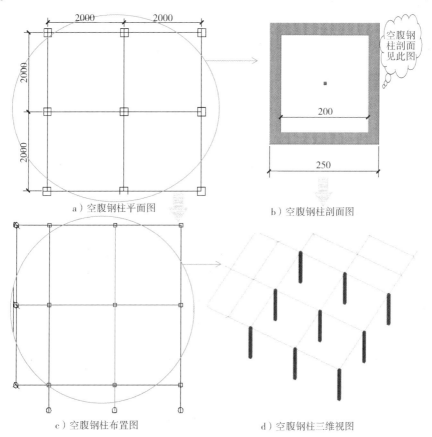

a）空腹钢柱平面图　　　　　　　　　b）空腹钢柱剖面图

c）空腹钢柱布置图　　　　　　　　　d）空腹钢柱三维视图

图6-7　空腹钢柱

【解】

1. 清单工程量计算规则
按设计图示尺寸以质量计算。
计量单位：t。

➡️

2. 工程量计算
$W = 2.7 \times 9 \times 314 = 7630.2 \text{kg}$
$= 7.630 \text{t}$

⬇️

式中：
2.7×9——空腹钢柱的总长度；
314——该空腹钢柱每米的理论重量。

注意：不扣除孔眼的质量，焊条、铆钉、螺栓等不另增加质量，依附在钢柱上的牛腿及悬臂梁等并入钢柱工程量内。

6.4 钢梁

6.4.1 钢梁

项目编码：010604001   项目名称：钢梁

【例6-8】在某一工程中，部分位置采用钢管柱，已知层高为3m，该钢管柱的每米理论重量是21.478kg/m，其他相关信息如图6-8所示，试根据图纸信息计算该工程中的钢梁的工程量。

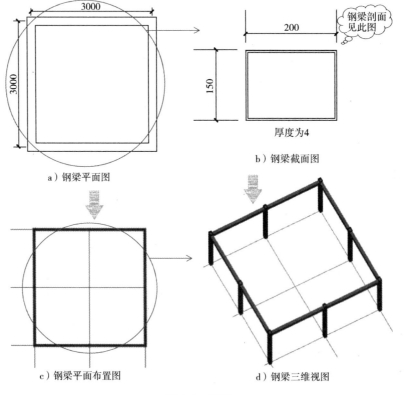

a）钢梁平面图

b）钢梁截面图

c）钢梁平面布置图

d）钢梁三维视图

图6-8 钢梁

【解】

1. 清单工程量计算规则

按设计图示尺寸以质量计算。

计量单位：t。

2. 工程量计算

$W = 3 \times 2 \times 2 \times 21.478 = 257.736 \text{kg}$

$= 0.258 \text{t}$

式中：

$3 \times 2 \times 2$——钢梁的总长度；

21.478——该钢梁每米的理论重量。

注：不扣除孔眼的质量，焊条、铆钉、螺栓等不另增加质量，制动梁、制动板、制动桁架、车挡并入钢吊车梁工程量内。

6.4.2　钢吊车梁

项目编码：010604002　项目名称：钢吊车梁

【例6-9】某钢吊车梁如图6-9所示，其上下弦杆为 L110×10 的角钢，竖向支撑板为 60mm×600mm 的 6mm 厚钢板支承。试计算该钢吊车梁工程量。

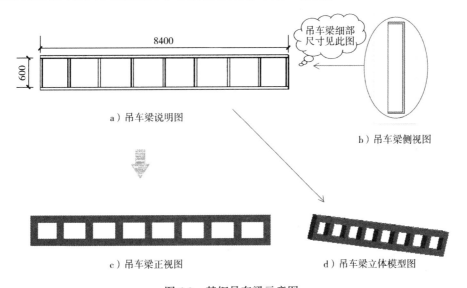

a）吊车梁说明图

b）吊车梁侧视图

c）吊车梁正视图

d）吊车梁立体模型图

图 6-9　某钢吊车梁示意图

【解】

1. 清单工程量计算规则

按设计图示尺寸以质量计算。

计量单位：t。

2. 工程量计算

$W_{上下弦杆} = 8.4 \times 2 \times 16.69$

$= 280.39 \text{kg} = 0.28 \text{t}$

$W_{竖向支撑板} = 0.6 \times 0.06 \times 9 \times 47.1$

$= 15.26 \text{kg} = 0.015 \text{t}$

$W_{钢吊车梁} = 0.28 + 0.015 = 0.295 \text{t}$

式中：

8.4×2——上下弦杆的尺寸；

0.6×0.06——竖向支撑板的尺寸；

47.1kg/m²——6mm厚钢板的理论质量；

16.69kg/m——L110×10角钢理论质量。

注：不扣除孔眼的质量，焊条、铆钉、螺栓等不另增加质量，制动梁、制动板、制动桁架、车挡并入钢吊车梁工程量内。

6.5 钢板楼板、墙板

6.5.1 钢板楼板

项目编码：010605001　　项目名称：钢板楼板

【例6-10】某平房建筑钢板楼板如图6-10所示，试计算其工程量。

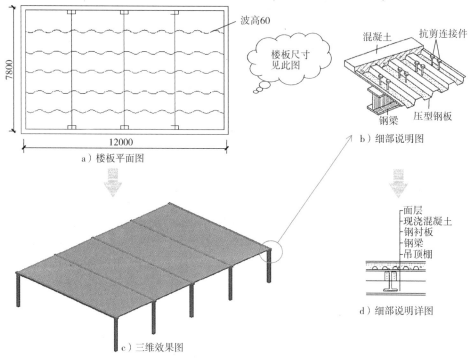

图6-10 某楼板平面图

【解】

1. 清单工程量计算规则

按设计图示尺寸以铺设水平投影面积计算。

计量单位：m²。

2. 工程量计算

$S = 7.8 \times 12$

$= 93.6 m^2$

式中：

7.8×12——楼板所占面积。

注：不扣除单个面积≤0.3m²柱、垛及孔洞所占面积。

6.5.2　钢板墙板

项目编码：010605002　　项目名称：钢板墙板

【例6-11】如图6-11所示的钢板墙板，试计算其工程量。

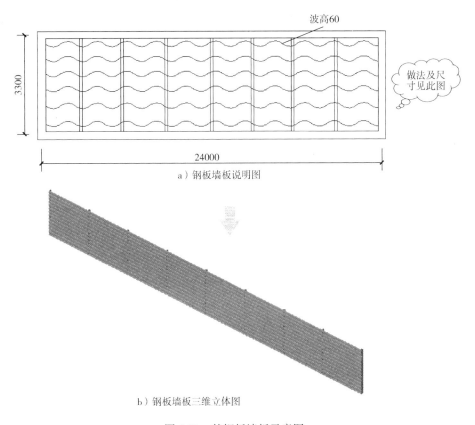

a）钢板墙板说明图

b）钢板墙板三维立体图

图6-11　某钢板墙板示意图

【解】

1. 清单工程量计算规则

按设计图示尺寸以铺挂展开面积计算。

计量单位：m²。

式中：

3.3×24——墙的面积。

2. 工程量计算

$S = 3.3 \times 24$

$= 79.2 \text{m}^2$

注：不扣除单个面积≤0.3m² 的梁、孔洞所占面积，包角、包边、窗台泛水等不另加面积。

6.6 其他钢构件

6.6.1 钢支撑、钢拉条

项目编码：010606001　　项目名称：钢支撑、钢拉条

【例6-12】在某一工程中，部分位置采用钢管柱，已知层高为3m，该钢管柱的每米理论重量是2.332kg/m，其他相关信息如图6-12所示，试根据图纸信息计算该工程中的拉条的工程量。

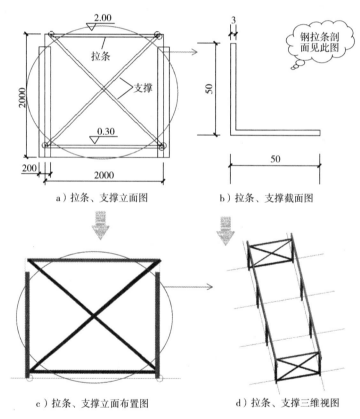

a）拉条、支撑立面图　　　　b）拉条、支撑截面图

c）拉条、支撑立面布置图　　　d）拉条、支撑三维视图

图6-12　某钢拉条示意图

【解】

1. 清单工程量计算规则
按设计图示尺寸以质量计算。
计量单位：t。

2. 工程量计算
$W = (2 - 0.1 \times 2) \times 2 \times 2.332$
$= 8.3952\text{kg} = 0.008\text{t}$

式中：

（2 − 0.1 × 2）× 2——拉条的总长度；

2.332——该拉条每米的理论重量。

注意：不扣除孔眼的质量，焊条、铆钉、螺栓等不另增加质量。

6.6.2　钢檩条

项目编码：010606002　　项目名称：钢檩条

【例 6-13】如图 6-13 所示钢檩条，试计算其工程量。

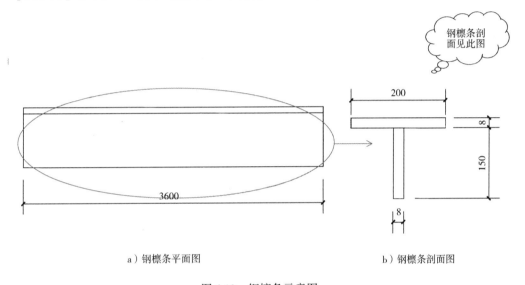

a）钢檩条平面图　　　　　　　　　b）钢檩条剖面图

图 6-13　钢檩条示意图

【解】

1. 清单工程量计算规则

按设计图示尺寸以质量计算。

计量单位：t。

2. 工程量计算

$W_{翼缘板} = 62.8 × 0.2 × 3.6$
$= 45.22kg = 0.045t$

$W_{腹板} = 62.8 × 0.15 × 3.6$
$= 33.91kg = 0.033t$

$W_{钢檩条} = 0.045 + 0.033 = 0.078t$

式中：

0.2 × 3.6——翼缘板的面积；

0.15 × 3.6——腹板的面积；

$62.8kg/m^2$——8mm 厚钢板理论质量。

注意：不扣除孔眼的质量，焊条、铆钉、螺栓等不另增加质量。

6.6.3　钢天窗架

项目编码：010606003　　　项目名称：**钢天窗架**

【例6-14】 如图6-14所示，钢天窗架采用8mm厚钢板制作，8mm厚钢板理论质量为62.8kg/m²，试计算钢天窗架工程量。

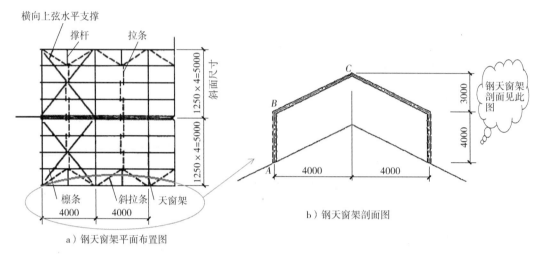

a）钢天窗架平面布置图

b）钢天窗架剖面图

图6-14　钢天窗架示意图

【解】

1. 清单工程量计算规则

按设计图示尺寸以质量计算。

计量单位：t。

➡

2. 工程量计算

$$S_{钢天窗架} = (4000 + \sqrt{3000^2 + 4000^2}) \times 2 \times 4000 \times 2$$
$$= 1.44 \times 10^8 mm^2 = 144 m^2$$
$$W_{钢天窗架} = 144 \times 62.8 = 9043.2 kg$$
$$= 9.043 t$$

⬇

式中：

4000——AB段长度；

$\sqrt{3000^2 + 4000^2}$——BC段长度；

62.8kg/m²——8mm厚钢板理论质量。

注意：不扣除孔眼的质量，焊条、铆钉、螺栓等不另增加质量。

6.6.4　钢挡风架

项目编码：010606004　　　项目名称：**钢挡风架**

【例6-15】 如图6-15所示钢挡风架，上下弦杆均采用两个 L110×8.0 的角钢，竖直支撑杆与斜向支撑杆均为 16a 的槽钢，4个塞板为尺寸 110mm×110mm 的 6mm 厚钢板，试计算该钢挡风架的工程量。

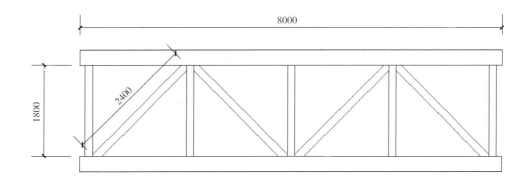

图 6-15 某钢挡风架示意图

【解】

1. 清单工程量计算规则

按设计图示尺寸 ➡ 以质量计算。

计量单位：t。

2. 工程量计算

$$W_{上下弦杆} = 8.0 \times 2 \times 2 \times 13.532 = 433.02 \text{kg}$$
$$= 0.433 \text{t}$$

$$W_{支撑杆} = (1.8 \times 5 + 2.4 \times 4) \times 17.23 = 320.48 \text{kg}$$
$$= 0.320 \text{t}$$

$$W_{塞板} = 0.11 \times 0.11 \times 47.1 \times 4 = 2.28 \text{kg}$$
$$= 0.002 \text{t}$$

$$W_{钢挡风架} = 0.433 + 0.320 + 0.002$$
$$= 0.755 \text{t}$$

➡

式中：

8.0×2×2——上下弦杆所有角钢的总长度；

1.8×5+2.4×4——支撑杆的总长度；

13.532kg/m——L110×8.0 角钢的理论质量；

17.23kg/m——16a 槽钢的理论质量；

47.1kg/m² ——6mm 厚钢板的理论质量。

注意：不扣除孔眼的质量，焊条、铆钉、螺栓等不另增加质量。

6.6.5 钢平台

项目编码：010606006   项目名称：钢平台

【例6-16】如图6-16所示钢平台，上下、左右弦杆采用 L110×8.0 的角钢，竖直支撑杆采用 16a 的槽钢，4 个面板为尺寸 500mm×1500mm 的 6mm 厚钢板，试计算其工程量。

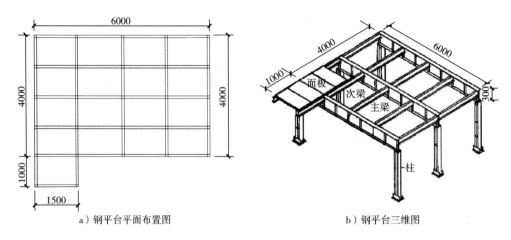

a）钢平台平面布置图　　　　　　　　b）钢平台三维图

图 6-16　某钢平台示意图

【解】

1. 清单工程量计算规则

按设计图示尺寸以质量计算。

计量单位：t。

2. 工程量计算

$W_{上下弦杆} = 6.0 \times 3 \times 13.532 = 243.58\text{kg}$
$= 0.244\text{t}$

$W_{左右弦杆} = 4.0 \times 5 \times 13.532 = 270.64\text{kg}$
$= 0.271\text{t}$

$W_{支撑杆} = (0.3 \times 9 \times 3) \times 17.23 = 139.563\text{kg}$
$= 0.140\text{t}$

$W_{塞板} = 0.5 \times 0.15 \times 47.1 \times 4 = 14.13\text{kg}$
$= 0.014\text{t}$

式中：

6.0×3——上下弦杆所有角钢的总长度；

4.0×5——左右弦杆所有角钢的总长度；

$0.3 \times 9 \times 3$——支撑杆的总长度；

13.532kg/m——L110×8.0 角钢的理论质量；

17.23kg/m——16a 槽钢的理论质量；

47.1kg/m²——6mm 厚钢板的理论质量。

注意：不扣除孔眼的质量，焊条、铆钉、螺栓等不另增加质量。

6.6.6　钢走道

项目编码：010606007　　项目名称：钢走道

【例 6-17】如图 6-17 所示为某钢走道，钢板厚度为 8mm，试计算其工程量。

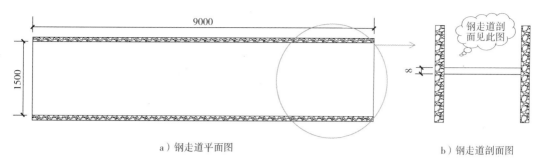

a) 钢走道平面图　　　　　　　　　　　　　　　　b) 钢走道剖面图

图 6-17　某钢走道示意图

【解】

1. 清单工程量计算规则

按设计图示尺寸以质量计算。

计量单位：t。

2. 工程量计算

$W_{钢走道} = 1.5 \times 9 \times 62.8 = 847.8 \text{kg}$

$= 0.847 \text{t}$

式中：

1.5×9——钢走道尺寸；

62.8kg/m^2——8mm 厚钢板理论质量。

注意：不扣除孔眼的质量，焊条、铆钉、螺栓等不另增加质量。

6.6.7　钢梯

项目编码：010606008　　项目名称：钢梯

【例 6-18】如图 6-18 所示某踏步式钢梯，共有 13 个踏步，试计算钢梯工程量。

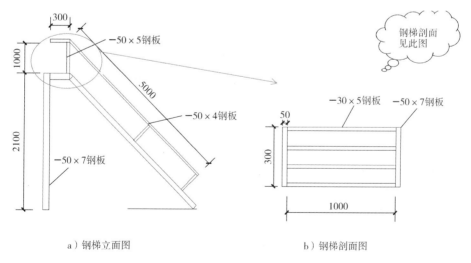

a) 钢梯立面图　　　　　　　　　　　　　　　　b) 钢梯剖面图

图 6-18　某钢梯示意图

【解】

1. 清单工程量计算规则

　　按设计图示尺寸以质量计算。 ➡

　　计量单位：t。

2. 工程量计算

　　－50×7 钢板工程量：

　　－50×7 钢板理论质量55kg/m²。

$$W_1 = (2.1+5) \times 0.05 \times 55 \times 2 = 39.05\text{kg} = 0.039\text{t}$$

　　－50×5 钢板工程量：

　　－50×5 钢板理论质量1.96kg/m²。

$$W_2 = 0.9 \times 3 \times 2 \times 1.96 = 10.58\text{kg} = 0.011\text{t}$$

　　－50×4 钢板工程量：

　　－50×4 钢板理论质量1.57kg/m²。

$$W_3 = 5 \times 2 \times 1.57 = 15.7\text{kg} = 0.016\text{t}$$

　　－30×5 钢板工程量：

　　－30×5 钢板理论质量1.18kg/m²。

$$W_4 = 0.9 \times 13 \times 1.18 = 13.81\text{kg} = 0.014\text{t}$$

钢梯工程量：$W = 0.039 + 0.011 + 0.016 + 0.014 = 0.08\text{t}$

⬇

式中：

(2.1+5)×0.05——－50×7 钢板面积；

0.9×3——－50×5 钢板面积；

5×2——－50×4 钢板面积；

0.9×13——－30×5 钢板面积。

注意：不扣除孔眼的质量，焊条、铆钉、螺栓等不另增加质量。

6.6.8　钢护栏

　　项目编码：010606009　　项目名称：钢护栏

【例6-19】　如图6-19所示的钢护栏，试计算其工程量（－50×5 钢板理论质量1.96kg/m；－50×4钢板理论质量1.57kg/m）。

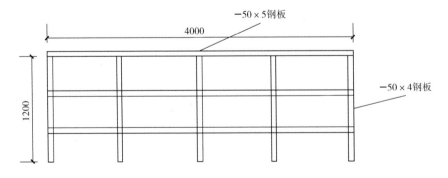

图6-19　钢护栏示意图

【解】

1. 清单工程量计算规则

按设计图示尺寸以质量计算。

计量单位：t。

2. 工程量计算

—50×5 钢板工程量：

$W_1 = 4 \times 3 \times 1.96 = 23.52 \text{kg} = 0.024 \text{t}$

—50×4 钢板工程量：

$W_2 = 1.2 \times 5 \times 1.57 = 9.42 \text{kg} = 0.009 \text{t}$

钢栏杆工程量：$W = 0.024 + 0.009 = 0.033 \text{t}$

式中：

3——50×5 钢板根数；

4——50×5 钢板长度；

1.2——50×4 钢板长度；

5——50×4 钢板根数。

注意：不扣除孔眼的质量，焊条、铆钉、螺栓等不另增加质量。

6.6.9 钢漏斗

项目编码：010606010 项目名称：钢漏斗

【例 6-20】 如图 6-20 所示，该漏斗为正方形漏斗，漏斗均采用 3mm 厚的钢板，试计算其工程量（3mm 厚钢板的理论质量为 23.55kg/m^2）。

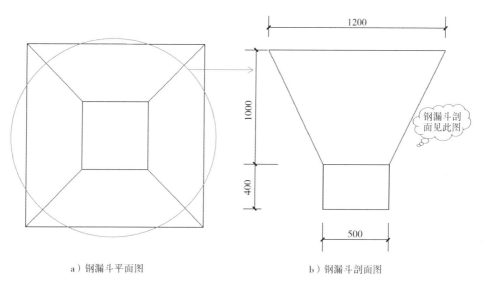

a）钢漏斗平面图 b）钢漏斗剖面图

图 6-20 钢漏斗示意图

【解】

1. 清单工程量计算规则
按设计图示尺寸以质量计算。
计量单位：t。

➡

2. 工程量计算
$$W = [(1 + 0.4) \times 0.8 \times 0.5 \times 4 + 0.4 \times 0.3 \times 4] \times 23.55$$
$$= (2.24 + 0.48) \times 23.55$$
$$= 64.056\text{kg} = 0.064\text{t}$$

⬇

式中：
$(1 + 0.4) \times 0.8 \times 0.5$——每个梯形的面积；
23.55kg/m^2——3mm 厚钢板的理论质量。

注意：不扣除孔眼的质量，焊条、铆钉、螺栓等不另增加质量，依附漏斗或天沟的型钢并入漏斗或天沟工程量内。

6.6.10 钢板天沟

项目编码：010606011　　项目名称：钢板天沟

【例6-21】如图 6-21 所示某钢雨篷钢板天沟，钢雨篷长 8.5m，3mm 钢板理论重量是 23.55kg/m^2，试计算钢板天沟工程量。

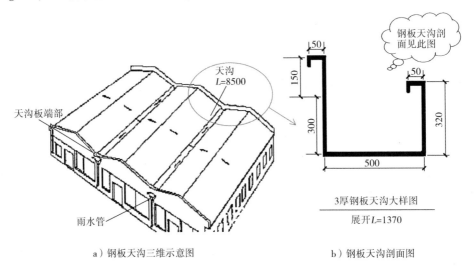

a）钢板天沟三维示意图　　　　　　b）钢板天沟剖面图

图 6-21　某钢板天沟示意图

【解】

1. 清单工程量计算规则
按设计图示尺寸以质量计算。
计量单位：t。

➡

2. 工程量计算
$$W = 1.370 \times 8.500 \times 2 \times 23.55$$
$$= 548.4795\text{kg}$$
$$= 0.548\text{t}$$

⬇

式中：

1.370——钢板天沟的展开长度；

8.500——钢板天沟的长；

2——钢板天沟的数量；

23.55——3mm 钢板理论重量。

注意：不扣除孔眼的质量，焊条、铆钉、螺栓等不另增加质量，依附漏斗或天沟的型钢并入漏斗或天沟工程量内。

6.6.11 钢支架

项目编码：010606012　　项目名称：钢支架

【例 6-22】根据如图 6-22 所示的钢支架，试计算其工程量。

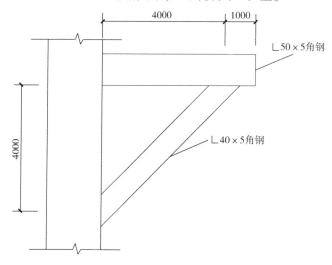

图 6-22　钢支架示意图

【解】

1. 清单工程量计算规则

按设计图示尺寸以质量计算。

计量单位：t。

2. 工程量计算

$$W = (4+1) \times 3.77 + \sqrt{4^2 + 4^2} \times 2.976$$
$$= 18.85 + 16.83$$
$$= 35.68 \text{kg} = 0.036 \text{t}$$

式中：

$4+1$——L50×5 角钢的长；

$\sqrt{4^2+4^2}$——L40×5 角钢的长；

3.770kg/m——L50×5 角钢的理论质量；

2.976kg/m——L40×5 角钢的理论质量。

注意：不扣除孔眼的质量，焊条、铆钉、螺栓等不另增加质量。

6.6.12　零星钢构件

项目编码：010606013　　项目名称：零星钢构件

【例6-23】某钢构件需要如图6-23所示的型钢900mm长，试计算其工程量。

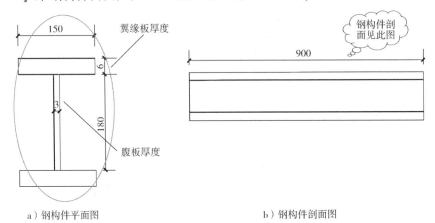

a）钢构件平面图　　　　　　　　　　　b）钢构件剖面图

图6-23　某型钢示意图

【解】

1. 清单工程量计算规则

　　按设计图示尺寸以质量计算。

　　计量单位：t。

　　➡

2. 工程量计算

翼缘板工程量：$W_1 = 0.15 \times 0.9 \times 47.1 \times 2$
　　　　　　　$= 12.72\text{kg} = 0.013\text{t}$

腹板工程量：$W_2 = 0.18 \times 0.9 \times 23.55 = 3.82\text{kg}$
　　　　　　$= 0.004\text{t}$

⬇

式中：

0.15×0.9——翼缘板面积；

0.18×0.9——腹板面积；

47.1kg/m^2——6mm厚钢板的理论质量；

23.55kg/m^2——3mm厚钢板的理论质量。

注意：不扣除孔眼的质量，焊条、铆钉、螺栓等不另增加质量。

6.7　金属制品

6.7.1　成品空调金属百叶护栏

项目编码：010607001　　项目名称：成品空调金属百叶护栏

【例6-24】某家庭空调外机需要金属成品百叶护栏保护并且装饰，尺寸如图6-24所示，试计算其工程量。

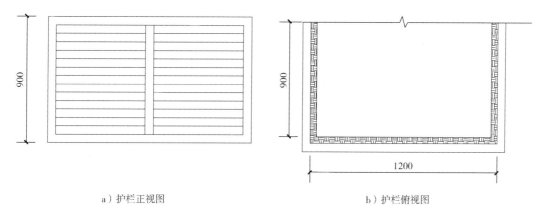

a）护栏正视图　　　　　　　　　　　　b）护栏俯视图

图 6-24　某空调护栏

【解】

1．清单工程量计算规则

按设计图示尺寸以框外围展开面积计算。

计量单位：m^2。

式中：

1.2×0.9——护栏正面的面积；

$0.9 \times 0.9 \times 2$——护栏两侧面面积。

2．工程量计算

成品空调金属百叶护栏工程量：

$$S = 1.2 \times 0.9 + 0.9 \times 0.9 \times 2$$
$$= 2.7 m^2$$

6.7.2　成品栅栏

项目编码：010607002　　项目名称：成品栅栏

【例 6-25】某操场欲用成品金属栅栏围住，如图 6-25 所示，试计算其工程量。

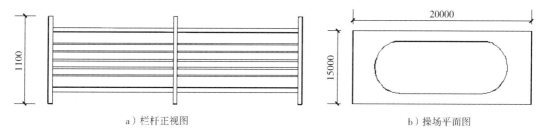

a）栏杆正视图　　　　　　　　　　　　b）操场平面图

图 6-25　某操场成品栅栏示意图

【解】

1．清单工程量计算规则

按设计图示尺寸以框外围展开面积计算。

计量单位：m^2。

2．工程量计算

$$S = 1.1 \times 15 \times 2 + 1.1 \times 20 \times 2$$
$$= 77 m^2$$

式中：

1.1——护栏的高；

15——操场宽度；

20——操场的长。

6.7.3 金属网栏

项目编码：010607003　　项目名称：**金属网栏**

【例6-26】某圆形花园欲建一周的金属网栏，如图6-26所示，大门宽2m，试计算金属网栏的工程量。

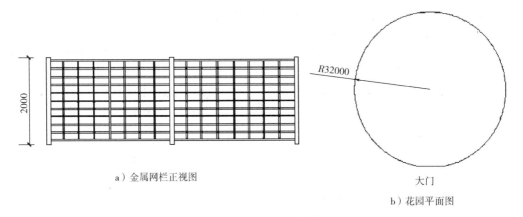

a）金属网栏正视图

R32000

大门

b）花园平面图

图6-26　某花园金属网栏

【解】

1. 清单工程量计算规则

按设计图示尺寸以框外围展开面积计算。

计量单位：m²。

2. 工程量计算

$$S = (32 \times 2 \times 3.14 - 2) \times 2$$
$$= 397.92 \text{m}^2$$

式中：

$32 \times 2 \times 3.14 - 2$——圆形花园除去大门外的长度。

6.7.4 成品地面格栅

项目编码：010607004　　项目名称：**成品地面格栅**

【例6-27】某路面铺设成品地面格栅（图6-27），采用10mm厚钢板，高度为20mm，格子尺寸为50mm×50mm，铺设100m，试计算成品地面格栅工程量。

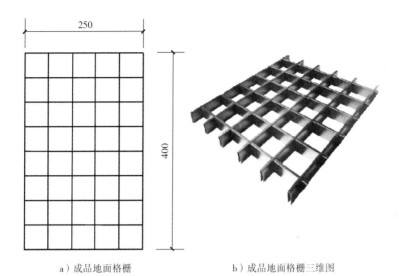

a）成品地面格栅　　　　　　　　b）成品地面格栅三维图

图 6-27　某路面成品地面格栅

【解】

1. 清单工程量计算规则　　　　　　　2. 工程量计算
按设计图示尺寸以框外围展开面积计算。➡　$S = 0.25 \times 100$
计量单位：m^2。　　　　　　　　　　　$= 25 m^2$

⬇

式中：

0.25——成品地面格栅的宽；

100——路长。

第7章 木结构工程

7.1 屋架

项目编码：010701001　　项目名称：屋架

【例7-1】现有一方木屋架，如图7-1所示，根据图中尺寸，试计算跨度 L = 8.0m 的方木屋架工程量。

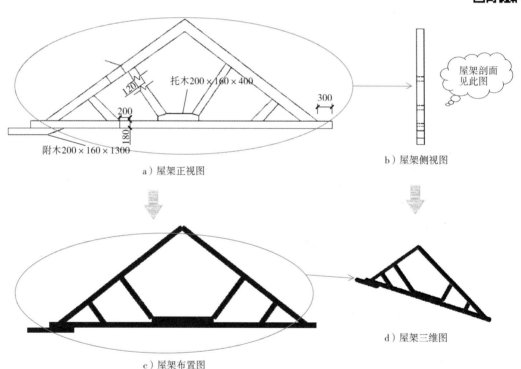

图 7-1　屋架平面及三维示意图

【解】

1. 清单工程量计算规则
屋架的工程量以榀计算，按设计图示数量计算。

计量单位：榀。

➡ 2. 工程量计算
屋架的清单工程量由图可知为 1 榀。

7.2　木构件

7.2.1　木柱

项目编码：010702001　　项目名称：木柱

【例7-2】某木结构房屋建筑时，用到如图7-2所示木柱共6根，试求其工程量。

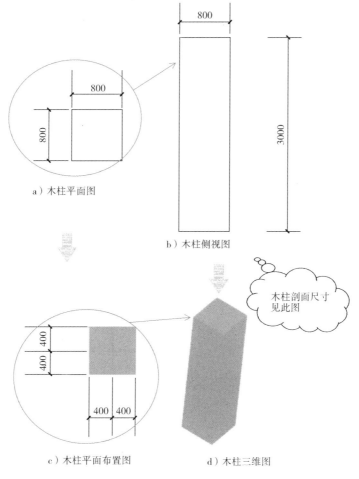

a）木柱平面图

b）木柱侧视图

木柱剖面尺寸见此图

c）木柱平面布置图　　　d）木柱三维图

图7-2　木柱平面及三维示意图

【解】

1. 清单工程量计算规则

木柱的工程量按设计图示尺寸以体积计算。计量单位：m³。

2. 工程量计算

$V = 0.8 \times 0.8 \times 3 \times 6$

$= 11.52\text{m}^3$

167

式中：

0.8×0.8×3——木柱尺寸；

6——木柱根数。

7.2.2 木梁

项目编码：010702002   项目名称：木梁

【例7-3】某房子内屋架下的木梁如图7-3所示，截面为200mm×200mm的矩形木梁，试根据清单工程量计算规则计算木梁工程量。

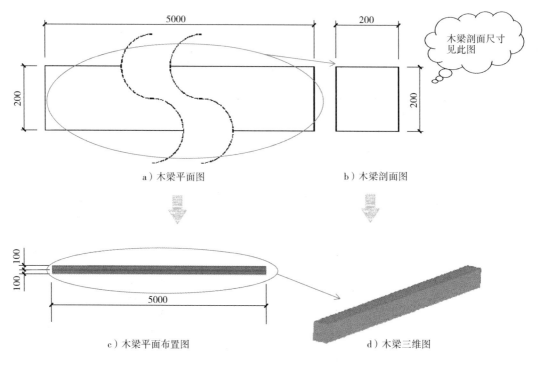

a）木梁平面图   b）木梁剖面图

木梁剖面尺寸见此图

c）木梁平面布置图   d）木梁三维图

图7-3 木梁平面及三维示意图

【解】

1. 清单工程量计算规则
木梁的工程量按设计图示尺寸以体积计算。
计量单位：m³。

➡

2. 工程量计算
$V = 0.2 \times 0.2 \times 5$
$= 0.2\text{m}^3$

式中：

0.2×0.2——木梁横截面尺寸；

5——木梁长度。

7.2.3 木楼梯

项目编码：010702004   项目名称：木楼梯

【例7-4】某教室楼梯间木楼梯水平投影如图7-4所示，试根据清单工程量计算规则计算木楼梯工程量。

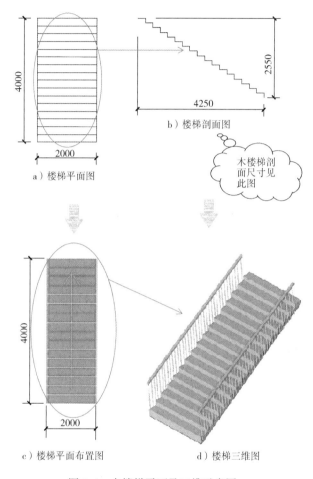

图7-4 木楼梯平面及三维示意图

【解】

1. 清单工程量计算规则

木楼梯的工程量按设计图示尺寸以水平投影面积计算。 ➡

计量单位：m²。

2. 工程量计算

$S = 2 \times 4$

$= 8m^2$

式中：

2——投影宽度；

4——投影长度。

注意：不扣除宽度≤300mm的楼梯井，伸入墙内部分不计算。

7.2.4 其他木构件

项目编码：010702005　项目名称：其他木构件

【例7-5】 如图7-5所示为某木质构件，上部棱柱长宽相同，其余尺寸如图中所示，试计算其工程量。

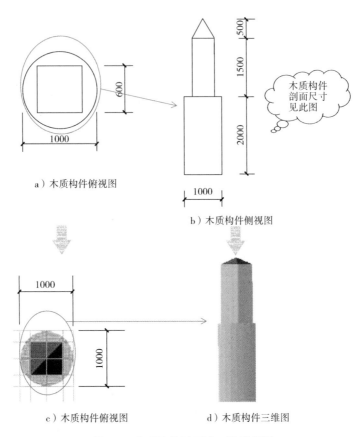

图7-5 木质构件平面及三维示意图

【解】

1. 清单工程量计算规则

按设计图示尺寸以体积计算。

计量单位：m³。

2. 工程量计算

$$V_{圆柱} = \left(\frac{1}{2} \right)^2 \times 3.14 \times 2.0 = 1.57 \text{m}^3$$

$$V_{棱柱} = 0.6 \times 0.6 \times 1.5 = 0.54 \text{m}^3$$

$$V_{棱锥} = \frac{1}{3} \times 0.6 \times 0.6 \times 0.5 = 0.06 \text{m}^3$$

$$V_{总} = 1.57 + 0.54 + 0.06 = 2.17 \text{m}^3$$

式中：

$\frac{1}{3} \times 0.6 \times 0.6 \times 0.5$ ——套用锥体公式 $V_{正棱锥} = \frac{1}{3} SH$。

7.3 屋面木基层

项目编码：010703001 项目名称：屋面木基层

【例7-6】 某建筑的屋面水平投影，如图7-6所示，屋面延尺系数1.062，试计算屋面木基层的清单工程量。

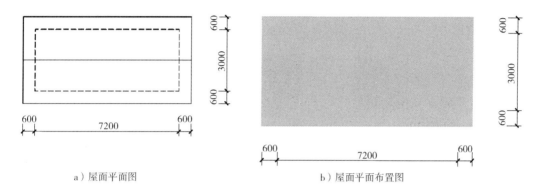

a）屋面平面图   b）屋面平面布置图

图7-6 屋面木基层平面示意图

【解】

1. 清单工程量计算规则

按设计图示尺寸以斜面积计算。

计量单位：m²。

2. 工程量计算

$S = (7.2 + 0.6 \times 2) \times (3.0 + 0.6 \times 2) \times 1.062$

$= 37.47\text{m}^2$

式中：

$(7.2 + 0.6 \times 2) \times (3.0 + 0.6 \times 2)$——屋面平面面积；

1.062——屋面延尺系数。

注意：不扣除房上烟囱、风帽底座、风道、小气窗、斜沟等所占面积。小气窗的出檐部分不增加面积。

8.1 门

8.1.1 木门

项目编码：010801001 项目名称：木门

【例 8-1】图 8-1 为某居民房一层平面示意图，采用木门，M1 尺寸 1200mm×2000mm，M2 尺寸 1500mm×2000mm，求木门工程量。

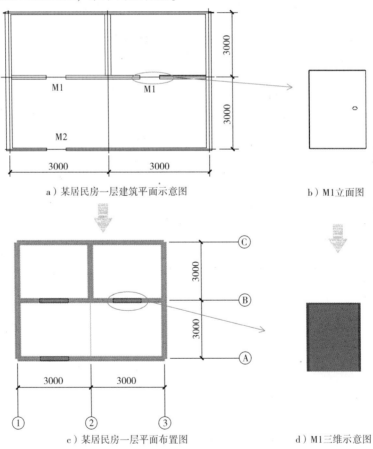

a）某居民房一层建筑平面示意图　　　　　　b）M1立面图

c）某居民房一层平面布置图　　　　　　d）M1三维示意图

图 8-1 居民房一层平面及门立面示意图

【解】

1. 清单工程量计算规则

按设计图示洞口尺寸以面积计算。➡

计量单位：m²。

2. 工程量计算

$S = 1.2 \times 2 \times 2 + 1.5 \times 2$

$= 7.8 \text{m}^2$

⬇

式中：

1.2×2——M1 面积；

1.5×2——M2 面积。

注意：计算门洞面积计算全面，所用的门洞面积都要加上。

8.1.2　金属门

项目编码：010802001　　　项目名称：金属（塑钢）门

【例 8-2】如图 8-2 所示是某办公室平面示意图，办公室相互采用金属防盗门连通，试求其工程量。

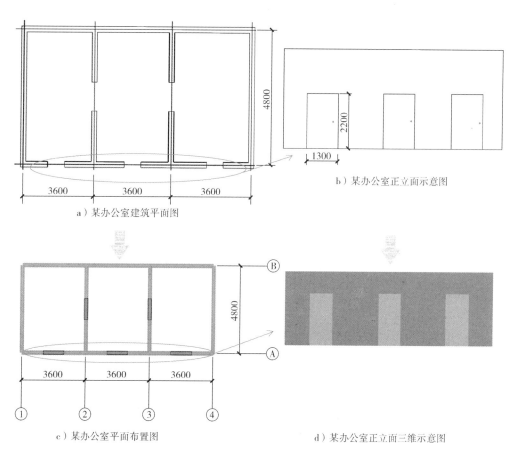

a）某办公室建筑平面图

b）某办公室正立面示意图

c）某办公室平面布置图

d）某办公室正立面三维示意图

图 8-2　某办公室平面及正立面示意图

【解】

1. 清单工程量计算规则
按设计图示洞口尺寸以面积计算。 ➡ 2. 工程量计算
计量单位：m²。

$1.3 \times 2.2 \times 5 = 14.3 m^2$

⬇

式中：
1.3×2.2——金属防盗门面积。

8.1.3 金属卷帘（闸）门

项目编码：010803001　　项目名称：金属卷帘（闸）门

【例8-3】 如图8-3所示，某仓库平面示意图，仓库门口是金属卷帘门，试求其工程量。

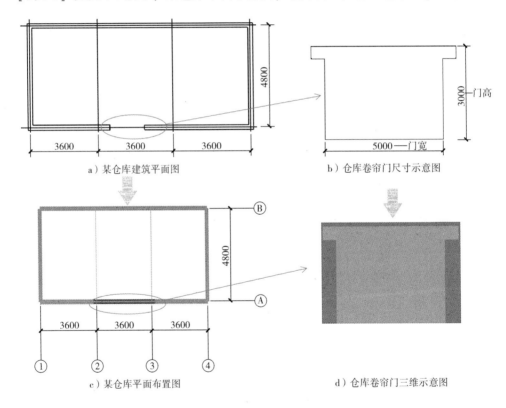

图8-3 仓库平面及门立面示意图

【解】

1. 清单工程量计算规则
按设计图示洞口尺寸以面积计算。 ➡ 2. 工程量计算
计量单位：m²。

$3 \times 5 = 15 m^2$

⬇

式中：

3×5——全属卷帘门门宽和门高。

8.1.4　厂库房大门、特种门

项目编码：010804002　　　项目名称：钢木大门

【例 8-4】 如图 8-4 所示，某小区内两间卧室，为美观、实用，业主给两间房间安装钢木大门。门宽 1500mm，高 2000mm，试求其工程量。

a）小区内院建筑平面示意图

b）小区内院平面布置图

图 8-4　小区内院平面示意图

【解】

1. 清单工程量计算规则
按设计图示洞口尺寸以面积计算。➡
计量单位：m^2。

2. 工程量计算
$1.5 \times 2 \times 2 = 6m^2$

式中：

2——钢木门数量；

1.5×2——钢木门面积。

8.1.5 其他门

项目编码：010805001　　　项目名称：电子感应门

【例8-5】如图8-5所示，某酒店门口有一电子感应门，材质是玻璃门，试求其工程量。

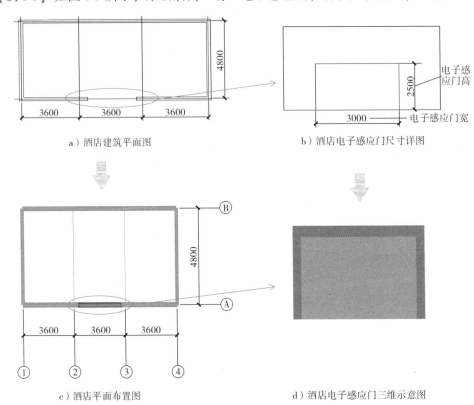

a）酒店建筑平面图　　　　　　　　　　　b）酒店电子感应门尺寸详图

c）酒店平面布置图　　　　　　　　　　　d）酒店电子感应门三维示意图

图8-5　酒店平面及门立面实用图

【解】

1. 清单工程量计算规则	2. 工程量计算
以樘计量，按设计图示数量计算。 ➡	N = 图示工程量
计量单位：樘。	= 1 樘

8.2　窗

8.2.1　木窗

项目编码：010806001　　　项目名称：木质窗

【例8-6】如图8-6所示，某小屋子安装木窗，试计算其工程量。

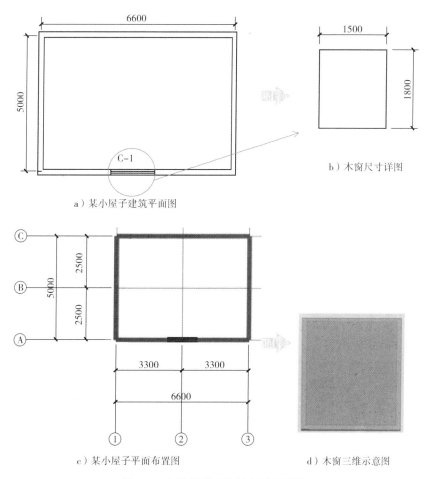

图 8-6　小屋子平面及门立面实用图

【解】

1. 清单工程量计算规则
按设计图示洞口尺寸以面积计算。➡
计量单位：m^2。

2. 工程量计算
$$S = 1.5 \times 1.8$$
$$= 2.7 m^2$$

式中：
1.5——木窗宽；
1.8——木窗高。

8.2.2　金属窗

项目编码：010807001　　项目名称：金属（塑钢、断桥）窗

【例 8-7】某住宅共有塑钢窗 4 樘，窗的尺寸如图 8-7 所示，试计算其工程量。

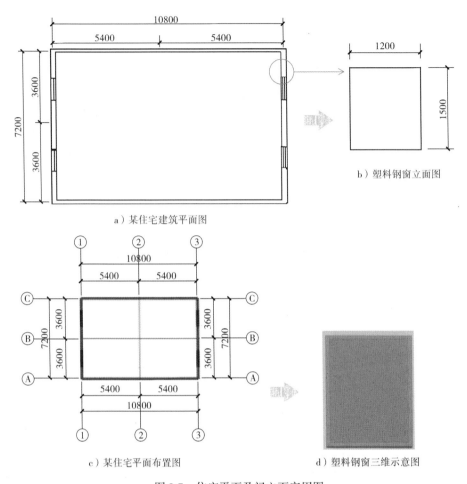

a）某住宅建筑平面图

b）塑料钢窗立面图

c）某住宅平面布置图

d）塑料钢窗三维示意图

图 8-7　住宅平面及门立面实用图

【解】

1. 清单工程量计算规则
按设计图示洞口尺寸以面积计算。
计量单位：m^2。

2. 工程量计算
$$S = 1.5 \times 1.2 \times 4$$
$$= 7.2 m^2$$

式中：
4——塑钢窗数量；
1.5×1.2——塑钢窗面积。

8.3　门窗附件

8.3.1　门窗套

项目编码：010808001　　项目名称：木门窗套

【例 8-8】 如图 8-8 所示，已知某多层楼室内门为木门。木门尺寸为 1500mm×2100mm，门数量为 4 樘，试求木门套工程量。

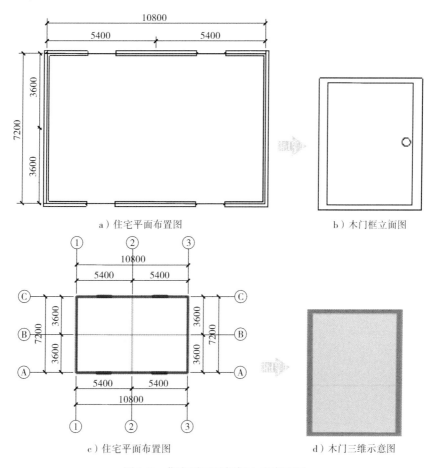

a）住宅平面布置图　　　b）木门框立面图

c）住宅平面布置图　　　d）木门三维示意图

图 8-8　住宅平面及门框立面实用图

【解】

1. 清单工程量计算规则
按设计图示中心以延长米计算。
计量单位：m。

2. 工程量计算
$L = (1.5 + 2.1) \times 2 \times 4$
$= 28.8 \text{m}$

式中：
4——门数量；
$(1.5 + 2.1) \times 2$——门周长。

8.3.2　窗台板

项目编码：010809001　　项目名称：窗台板

【例 8-9】如图 8-9 所示，已知楼室内窗为凸（飘）窗，凸（飘）窗为 1500mm × 1800mm，窗台板尺寸为 1500mm × 600mm，试求窗台板工程量。

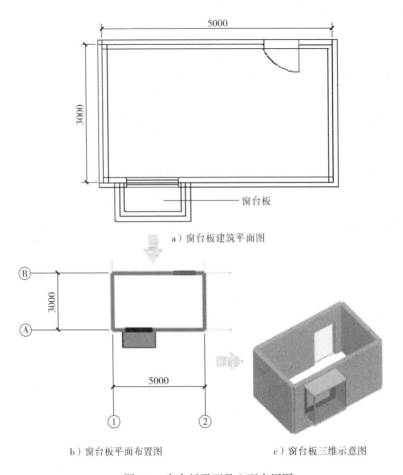

a）窗台板建筑平面图

b）窗台板平面布置图　　　　c）窗台板三维示意图

图8-9　窗台板平面及立面实用图

【解】

1. 清单工程量计算规则
按设计图示尺寸以展开面积计算。　➡
计量单位：m²。

2. 工程量计算

$$S = 1.5 \times 0.6$$
$$= 0.9 m^2$$

⬇

式中：
1.5——窗台板长；
0.6——窗台板宽。

8.3.3　窗帘、窗帘盒、轨

项目编码：010810001　　项目名称：布窗帘

【例8-10】　如图8-10所示，某住宅窗户尺寸1500mm×1800mm，其中布窗帘尺寸2100mm×1800mm，求其窗帘面积。

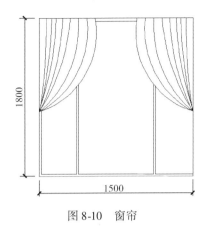

图 8-10　窗帘

【解】

1. 清单工程量计算规则

按设计图示以成活后展开面积计算。 ➡ 2. 工程量计算

计量单位：m^2。

$S = 1.5 \times 1.8$

$= 2.7m^2$

⬇

式中：

1.5×1.8——窗帘面积。

项目编码：010810003　　项目名称：窗帘盒

项目编码：010810004　　项目名称：窗帘轨

【例 8-11】 如图 8-11 所示，某住宅窗户上需要安装窗帘盒和窗帘轨，其中窗户为 $1200mm \times 1800mm$，求其窗帘盒和窗帘轨工程量。

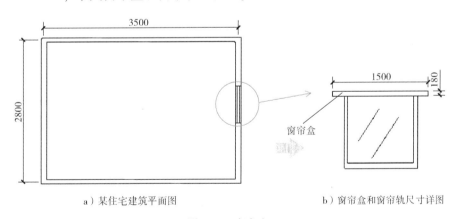

a）某住宅建筑平面图　　　　　　　　　b）窗帘盒和窗帘轨尺寸详图

图 8-11　窗帘盒

【解】

1. 清单工程量计算规则

按设计图示尺寸以长度计算。 ➡ 2. 工程量计算

计量单位：m。

窗帘盒工程量 = 图示尺寸 = 1.5m

窗帘轨工程量 = 图示尺寸 = 1.5m

第 **9** 章 屋面及防水工程

9.1 屋面

9.1.1 瓦屋面

项目编码：010901001　　项目名称：瓦屋面

【例 9-1】小亮家盖一间新房，房屋面采用的是瓦屋面，如图 9-1 所示，试求其工程量。

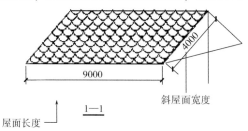

$$\underline{1-1}$$

屋面长度

a）瓦屋面立面图

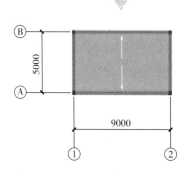

b）瓦屋面平面图

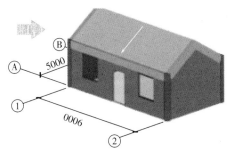

c）瓦屋面三维视图

图 9-1　瓦屋面示意图

【解】

1. 清单工程量计算规则
按设计图示尺寸以斜面积计算。
计量单位：m²。

2. 工程量计算

$$S_{瓦屋面} = 2 \times 9 \times 4$$

$$= 72 \text{m}^2$$

式中：

9——瓦屋面的长度；

4——瓦屋面的斜面宽度；

2——瓦屋面的数量。

注意：不扣除房上烟囱、风帽底座、风道、小气窗、斜沟等所占面积。小气窗的出檐部分不增加面积。

9.1.2 型材屋面

项目编码：010901002　　项目名称：型材屋面

【例9-2】学校又盖一间新房，房屋面采用的是型材屋面，如图9-2所示，试求其工程量。

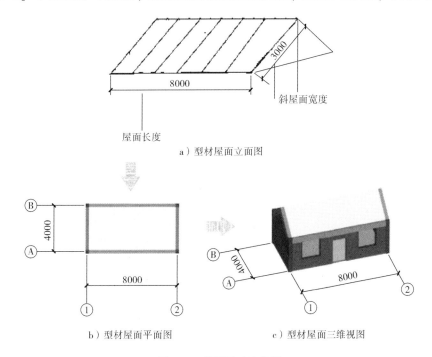

a) 型材屋面立面图

b) 型材屋面平面图　　　　　c) 型材屋面三维视图

图9-2　型材屋面示意图

【解】

1. 清单工程量计算规则

按设计图示尺寸以斜面积计算。

计量单位：m^2。

2. 工程量计算

$$S_{型材屋面} = 2 \times 8 \times 3$$
$$= 48m^2$$

式中：

8——型材屋面的长度；

3——型材屋面的斜面宽度；

2——型材屋面的数量。

注意：不扣除房上烟囱、风帽底座、风道、小气窗、斜沟等所占面积。小气窗的出檐部分不增加面积。

9.1.3 阳光板屋面

项目编码：010901003   项目名称：阳光板屋面

【例9-3】某村庄家盖一间新房，房屋屋面采用的是阳光板屋面，屋顶留了一个0.4m²的天窗如图9-3所示，试求其工程量。

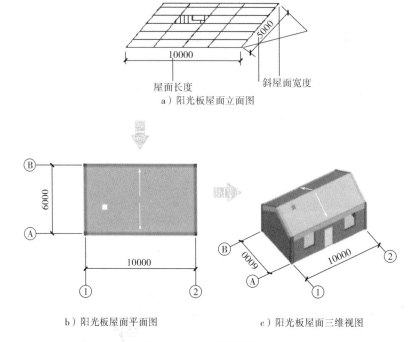

a）阳光板屋面立面图

b）阳光板屋面平面图   c）阳光板屋面三维视图

图9-3   阳光板屋面示意图

【解】

1. 清单工程量计算规则

按设计图示尺寸以斜面积计算。

计量单位：m²。

2. 工程量计算

$$S_{阳光板屋面} = 10 \times 5 \times 2 - 0.4$$
$$= 99.6 m^2$$

式中：

10——阳光板屋面的长度；

5——阳光板屋面的斜面宽度。

9.1.4 玻璃钢屋面

项目编码：010901004   项目名称：玻璃钢屋面

【例9-4】某村庄家盖一间新房，房屋屋面采用的是玻璃钢屋面，屋顶留了一个0.3m²

的天窗如图 9-4 所示，试求其工程量。

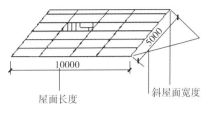

a）玻璃钢屋面立面图

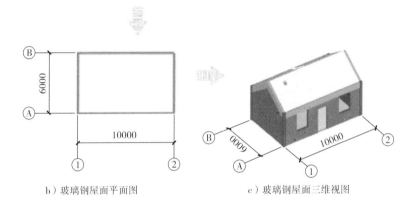

b）玻璃钢屋面平面图　　　　c）玻璃钢屋面三维视图

图 9-4　玻璃钢屋面示意图

【解】

1. 清单工程量计算规则

按设计图示尺寸以斜面积计算。

计量单位：m^2。

➡

2. 工程量计算

$S_{玻璃钢屋面} = 10 \times 5 \times 2$

$= 100 m^2$

⬇

式中：

10——玻璃钢屋面的长度；

5——玻璃钢屋面的斜面宽度。

注意：不扣除屋面面积≤0.3m^2孔洞所占面积。

9.1.5　膜结构屋面

项目编码：010901005　　项目名称：膜结构屋面

【例9-5】某建筑物为膜结构屋面，如图9-5所示，试求其工程量。

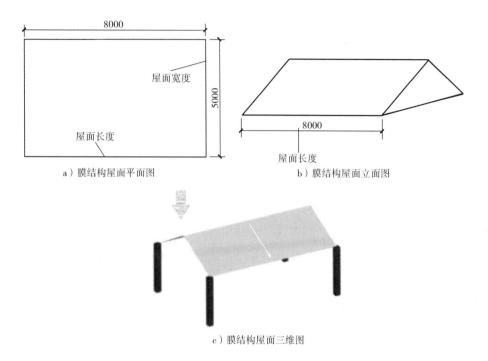

a）膜结构屋面平面图   b）膜结构屋面立面图

c）膜结构屋面三维图

图 9-5   膜结构屋面示意图

【解】

1. 清单工程量计算规则
按设计图示尺寸以需要覆盖的水平投影面积计算。

计量单位：m^2。

2. 工程量计算
$S_{膜结构屋面} = 8 \times 5$
$= 40m^2$

式中：
8——膜结构屋面水平投影长度；
5——膜结构屋面水平投影宽度。

9.2   屋面防水及其他

9.2.1   屋面卷材防水

项目编码：010902001   项目名称：屋面卷材防水

【例 9-6】某新居平屋面铺设屋面防水卷材，如图 9-6 所示，试求屋面防水卷材工程量。

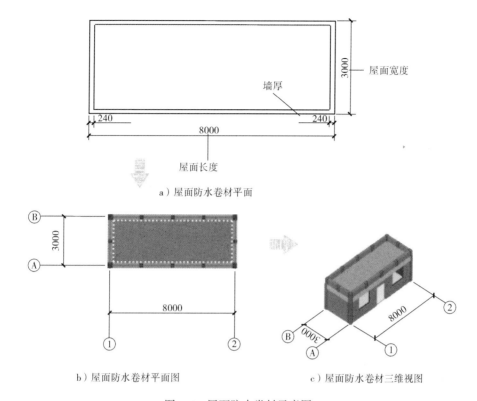

a）屋面防水卷材平面

b）屋面防水卷材平面图   c）屋面防水卷材三维视图

图9-6 屋面防水卷材示意图

【解】

1. 清单工程量计算规则

按设计图示尺寸以面积计算。

计量单位：m^2。

2. 工程量计算

$$S = (8-0.24) \times (3-0.24) + [(8-0.24)+(3-0.24)] \times 2 \times 0.25$$
$$= 26.7 m^2$$

式中：

8——屋面的长度；

3——屋面的宽度；

0.24——墙体宽；

0.25——女儿墙处卷材上翻量。

注意：（1）斜屋顶（不包括平屋顶找坡）按斜面积计算，平屋顶按水平投影面积计算。

（2）不扣除房上烟囱、风帽底座、风道、屋面小气窗和斜沟所占面积。

（3）屋面的女儿墙、伸缩缝和天窗等处的弯起部分，并入屋面工程量内。

9.2.2 屋面涂膜防水

项目编码：010902002　　项目名称：屋面涂膜防水

【例9-7】某新居平屋面铺设屋面涂膜防水，如图9-7所示，试求屋面涂膜防水工程量。

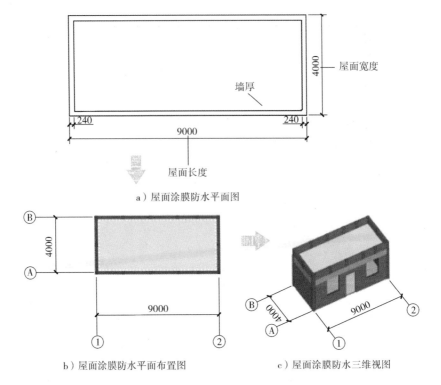

a）屋面涂膜防水平面图

b）屋面涂膜防水平面布置图　　　　c）屋面涂膜防水三维视图

图 9-7　屋面涂膜防水示意图

【解】

1. 清单工程量计算规则
按设计图示尺寸以面积计算。
计量单位：m^2。 ➡

2. 工程量计算
$V = (9 - 0.24) \times (4 - 0.24) + [(9 - 0.24) + (4 - 0.24)] \times 2 \times 0.25$
$= 39.12 m^2$

式中：

9——屋面的长度；

4——屋面的宽度；

0.24——墙体宽；

0.25——女儿墙处涂膜上翻量。

注意：（1）斜屋顶（不包括平屋顶找坡）按斜面积计算，平屋顶按水平投影面积计算。

（2）不扣除房上烟囱、风帽底座、风道、屋面小气窗和斜沟所占面积。

（3）屋面的女儿墙、伸缩缝和天窗等处的弯起部分，并入屋面工程量内。

9.2.3　屋面刚性层

项目编码：010902003　　项目名称：屋面刚性层

【例9-8】某新房屋面做防水，设计一屋面刚性层，如图9-8所示，试求其工程量。

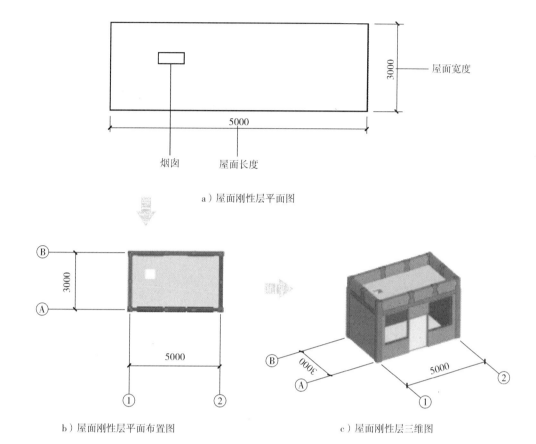

a）屋面刚性层平面图

b）屋面刚性层平面布置图　　　　　c）屋面刚性层三维图

图 9-8　屋面刚性层示意图

【解】

1. 清单工程量计算规则

按设计图示尺寸以面积计算。

计量单位：m^2。

2. 工程量计算

$S_{屋面防水} = 5 \times 3$

$= 15 m^2$

式中：

5——屋面的长度；

3——屋面的宽度。

注意：不扣除房上烟囱、风帽底座、风道等所占面积。

9.2.4　屋面排水管

项目编码：010902004　　项目名称：屋面排水管

【例 9-9】某新盖一平房，高 3m，前后为利于排水安装有 2 根排水管，如图 9-9 所示，试求排水管工程量。

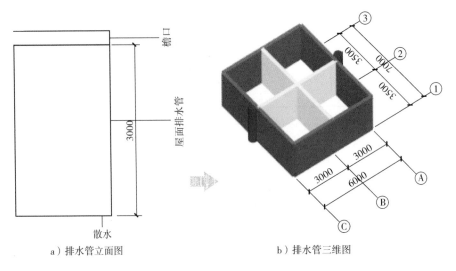

a）排水管立面图　　　　　　　　　b）排水管三维图

图 9-9　排水管示意图

【解】

1. 清单工程量计算规则
按设计图示尺寸以长度计算。
计量单位：m。

➡

2. 工程量计算
$L = 3 \times 2 = 6\text{m}$

⬇

式中：
3——单根排水管长度；
2——房屋排水管数量。

注意：如设计未标注尺寸，以檐口至设计室外散水上表面垂直距离计算。

9.2.5　屋面天沟、檐沟

项目编码：010902005　　　项目名称：屋面天沟、檐沟

【例 9-10】某房屋面顶天沟如图 9-10 所示，试求其工程量。

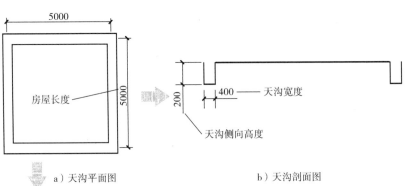

a）天沟平面图　　　　　　　　　b）天沟剖面图

图 9-10　屋面天沟示意图

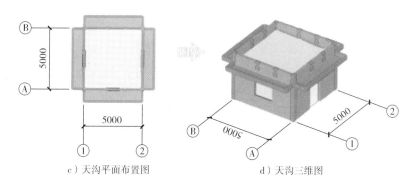

c）天沟平面布置图　　　　　　　d）天沟三维图

图 9-10　屋面天沟示意图（续）

【解】

1. 清单工程量计算规则
按设计图示尺寸以展开面积计算。　➡
计量单位：m²。

2. 工程量计算
$$S = (0.2 \times 5 \times 2 + 0.4 \times 5) \times 4$$
$$= 16 m^2$$

⬇

式中：

0.2×5——天沟侧向面积；

0.4×5——天沟底面面积；

4——天沟数量。

9.2.6　屋面变形缝

项目编码：010902006　　　项目名称：屋面变形缝

【例 9-11】某房屋顶面变形缝设置如图 9-11 所示，试求其工程量。

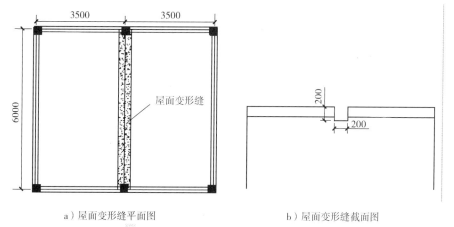

a）屋面变形缝平面图　　　　　　b）屋面变形缝截面图

图 9-11　屋面变形缝示意图

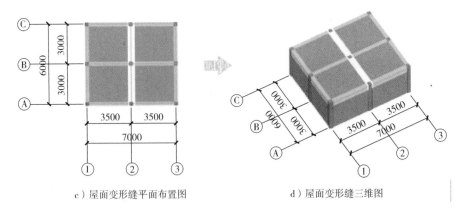

c）屋面变形缝平面布置图　　　　　　d）屋面变形缝三维图

图 9-11　屋面变形缝示意图（续）

【解】

1. 清单工程量计算规则
按设计图示尺寸以长度计算。
计量单位：m。

➡

2. 工程量计算
L = 变形缝的长度
= 6m

⬇

式中：
6——屋面变形缝的长度。

9.3　墙面防水、防潮

9.3.1　墙面卷材

项目编码：010903001　　　项目名称：墙面卷材

【例 9-12】房屋建筑墙体时做防水防潮是非常有必要的，不然墙体会被腐蚀发霉，现在有一平顶房内墙防水采用墙面卷材防水，墙高 3m，如图 9-12 所示，试求其工程量。

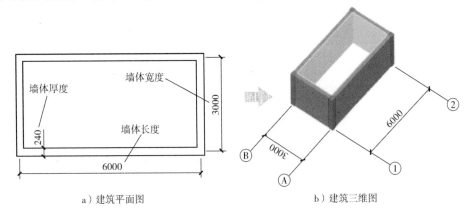

a）建筑平面图　　　　　　b）建筑三维图

图 9-12　墙面卷材防水示意图

【解】

1. 清单工程量计算规则

按设计图示尺寸以面积计算。

计量单位：m²。

2. 工程量计算

$$S = (6 - 0.12 \times 2) \times 3 \times 2 + (3 - 0.12 \times 2) \times 3 \times 2$$
$$= 51.12 \text{m}^2$$

式中：

0.12——半个墙体厚度；

6——墙体长度；

3——墙体宽度；

3——墙体高度。

9.3.2　防水墙面涂膜防水

项目编码：010903002　　　项目名称：防水墙面涂膜防水

【例 9-13】某房间如图 9-13 所示，现在对卫生间内墙做涂膜防水，防水高度 2.5m，墙高 3m，墙厚 240mm，M1 尺寸为 900mm × 2100mm，试求其工程量。

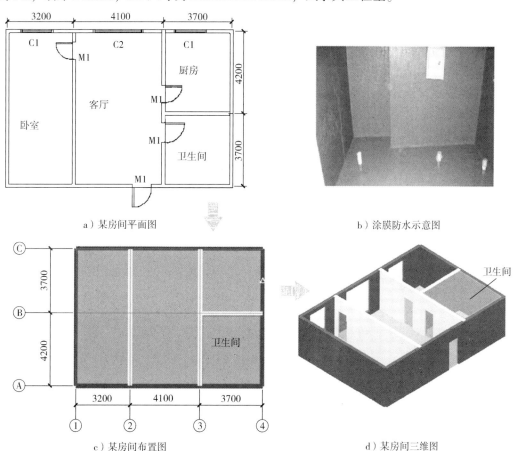

a）某房间平面图　　　　　　　　　　　b）涂膜防水示意图

c）某房间布置图　　　　　　　　　　　d）某房间三维图

图 9-13　墙面涂膜防水示意图

【解】

1. 清单工程量计算规则

按设计图示尺寸以面积计算。 ➡

计量单位：m^2。

2. 工程量计算

$S = (3.7 - 0.24) \times 4 \times 2.5 - 0.9 \times 2.1$

$= 32.71 m^2$

⬇

式中：

$(3.7 - 0.24) \times 4$——内墙长度；

2.5——防水高度；

0.9×2.1——M1 所占面积。

9.3.3 墙面砂浆防水

项目编码：010903003　　　　**项目名称：墙面砂浆防水**

【例 9-14】某建筑如图 9-14 所示，外墙面防水采用砂浆防水，墙高 3m，墙厚 240mm，C1 尺寸为 1500mm × 1800mm，M1 尺寸为 1200mm × 2100mm，门窗洞口不增加防水面积，试求其工程量。

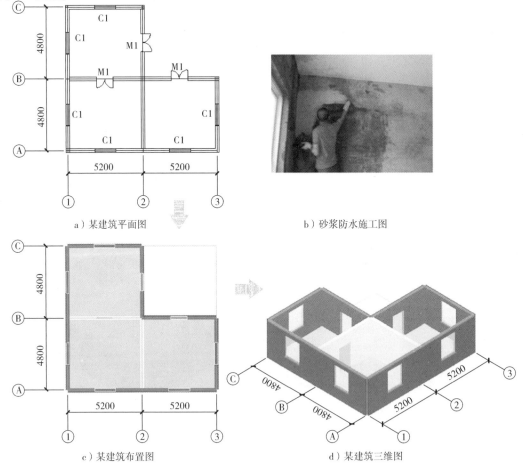

a）某建筑平面图　　　　　　　　　　b）砂浆防水施工图

c）某建筑布置图　　　　　　　　　　d）某建筑三维图

图 9-14　墙面砂浆防水示意图

【解】

1. 清单工程量计算规则

按设计图示尺寸以面积计算。

计量单位：m^2。

2. 工程量计算

$$S = (5.2 + 5.2 + 0.24 + 4.8 + 4.8 + 0.24 + 5.2 + 0.24 + 4.8 + 4.8 + 5.2 + 0.24) \times 3 - 1.5 \times 1.8 \times 6 - 1.2 \times 2.1 \times 2$$
$$= 101.64 m^2$$

式中：

0.24——半个墙体厚度；

3——墙体高度；

$1.5 \times 1.8 \times 6$——C1 所占面积；

$1.2 \times 2.1 \times 2$——M1 所占面积。

9.3.4 墙面变形缝

项目编码：010903004　项目名称：墙面变形缝

【例 9-15】某建筑墙面变形缝设置如图 9-15 所示，试求其工程量。

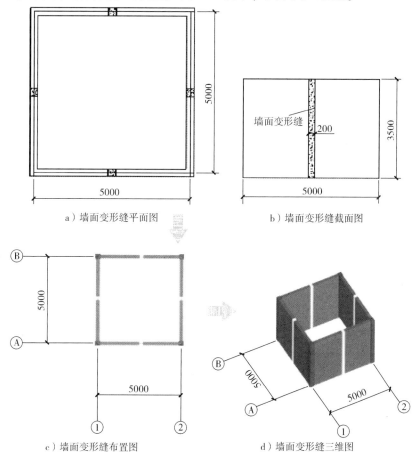

a）墙面变形缝平面图　　　　　b）墙面变形缝截面图

c）墙面变形缝布置图　　　　　d）墙面变形缝三维图

图 9-15　墙面变形缝示意图

【解】

1. 清单工程量计算规则
按设计图示尺寸以长度计算。
计量单位：m。

➡️

2. 工程量计算
L = 墙面变形缝的长度
= 3.5m

⬇️

式中：
3.5——墙面变形缝的长度。

9.4 楼（地）面防水、防潮

9.4.1 楼（地）面卷材防水

项目编码：010904001　　项目名称：**楼（地）面卷材防水**

【例9-16】某建筑楼房中的一间未装修客厅，柱子尺寸 480mm×480mm。如图 9-16 所示，楼地面做涂膜防水，墙边防水翻边高 300mm，试求其工程量。

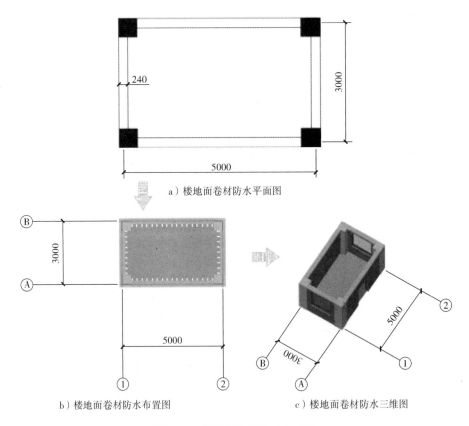

a）楼地面卷材防水平面图

b）楼地面卷材防水布置图　　c）楼地面卷材防水三维图

图 9-16　楼地面卷材防水示意图

【解】

1. 清单工程量计算规则

　按设计图示尺寸以面积计算。

　计量单位：m^2。

2. 工程量计算

$$S = (5 - 0.12 \times 2) \times (3 - 0.12 \times 2) + [(3 - 0.12 \times 2 + 5 - 0.12 \times 2) \times 2] \times 0.3$$
$$= 17.65 m^2$$

式中：

$(5 - 0.12 \times 2) \times (3 - 0.12 \times 2)$——房屋净空面积；

$[(3 - 0.12 \times 2 + 5 - 0.12 \times 2) \times 2] \times 0.3$——300mm 高翻边面积。

　注意：1. 楼（地）面防水：按主墙间净空面积计算，扣除凸出地面的构筑物、设备基础等所占面积，不扣除间壁墙及单个面积≤$0.3m^2$ 柱、垛、烟囱和孔洞所占面积。

　2. 楼（地）面防水翻边高度≤300mm 算作地面防水，翻边高度 >300mm 按墙面防水计算。

9.4.2　楼（地）面涂膜防水

项目编码：010904002　　项目名称：楼（地）面涂膜防水

【例 9-17】某建筑如图 9-17 所示，厨房及卫生间楼地面做涂膜防水，墙厚 240mm，墙边防水翻边高 300mm，M3 尺寸为 1500mm × 2100mm，M4 尺寸为 800mm × 2000mm，C-3 距地高低为 900mm，试求其工程量。

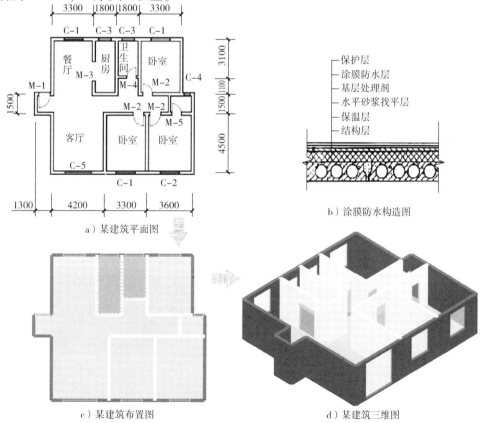

图 9-17　楼地面涂膜防水示意图

【解】

1. 清单工程量计算规则

按设计图示尺寸以面积计算。

计量单位：m^2。

2. 工程量计算

$$S_{厨房} = (1.8 - 0.12 \times 2) \times (3.1 + 1.1 - 0.12 \times 2) + [(1.8 - 0.12 \times 2 + 3.1 + 1.1 - 0.12 \times 2) \times 2] \times 0.3$$
$$= 9.49 m^2$$

$$S_{卫生间} = (1.8 - 0.12 \times 2) \times (3.1 - 0.12 \times 2) + [(1.8 - 0.12 \times 2 + 3.1 - 0.12 \times 2) \times 2] \times 0.3$$
$$= 7.11 m^2$$

$$S = S_{厨房} + S_{卫生间} = 16.60 m^2$$

式中：

$(1.8 - 0.12 \times 2) \times (3.1 + 1.1 - 0.12 \times 2$——厨房地面面积；

$[(1.8 - 0.12 \times 2 + 3.1 + 1.1 - 0.12 \times 2) \times 2] \times 0.3$——厨房地面卷边防水面积；

$(1.8 - 0.12 \times 2) \times (3.1 - 0.12 \times 2)$——卫生间地面面积；

$[(1.8 - 0.12 \times 2 + 3.1 - 0.12 \times 2) \times 2] \times 0.3$——卫生间地面卷边防水面积。

注意：1. 楼（地）面防水：按主墙间净空面积计算，扣除凸出地面的构筑物、设备基础等所占面积，不扣除间壁墙及单个面积≤0.3m^2柱、垛、烟囱和孔洞所占面积。

2. 楼（地）面防水翻边高度≤300mm 算作地面防水，翻边高度 >300mm 按墙面防水计算。

9.4.3 楼（地）面砂浆防水（防潮）

项目编码：010904003　　项目名称：楼（地）面砂浆防水（防潮）

【例9-18】某建筑如图 9-18 所示，墙厚 240mm，楼地面做砂浆防水，墙边防水翻边高250mm，M1 尺寸为 1200mm×2100mm，C1、C2 距地高度均 >250mm，试求楼地面砂浆防水工程量。

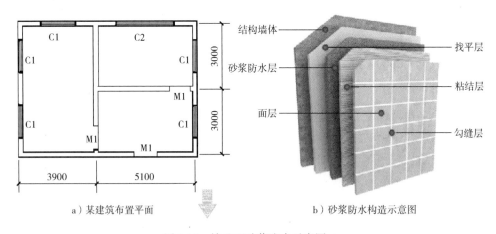

a）某建筑布置平面　　　　　　b）砂浆防水构造示意图

图 9-18 楼地面砂浆防水示意图

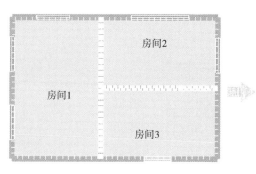

c）某建筑布置图

d）某建筑三维图

图 9-18　楼地面砂浆防水示意图（续）

【解】

1. 清单工程量计算规则

按设计图示尺寸以面积计算。

计量单位：m^2。

2. 工程量计算

$V_1 = (3.9 - 0.24) \times (3 + 3 - 0.24) + \{[(3.9 - 0.24 + 3 + 3 - 0.24) \times 2 - 1.2] \times 0.25\} = 25.49 m^2$

$V_2 = (5.1 - 0.24) \times (3 - 0.24) + \{[(5.1 - 0.24 + 3 - 0.24) \times 2 - 1.2] \times 0.25\} = 16.92 m^2$

$V_3 = (5.1 - 0.24) \times (3 - 0.24) + \{[(5.1 - 0.24 + 3 - 0.24) \times 2 - 1.2 \times 2] \times 0.25\} = 16.62 m^2$

$V = V_1 + V_2 + V_3 = 59.03 m^2$

式中：

$(3.9 - 0.24) \times (3 + 3 - 0.24)$——房间 1 地面净面积值；

$[(3.9 - 0.24 + 3 + 3 - 0.24) \times 2 - 1.2] \times 0.25$——房间 1 防水卷边面积值。

注意：1. 楼（地）面防水：按主墙间净空面积计算，扣除凸出地面的构筑物、设备基础等所占面积，不扣除间壁墙及单个面积≤0.3m^2柱、垛、烟囱和孔洞所占面积。

2. 楼（地）面防水翻边高度≤300mm 算作地面防水，翻边高度 >300mm 按墙面防水计算。

9.4.4　楼（地）面变形缝

项目编码：010904004　　项目名称：楼（地）面变形缝

【例 9-19】某建筑楼地面变形缝如图 9-19 所示，试求其工程量。

【解】

1. 清单工程量计算规则

按设计图示尺寸以长度计算。

计量单位：m。

2. 工程量计算

L = 楼地面变形缝长度 = 3m

式中:

3——楼地面变形缝的长度。

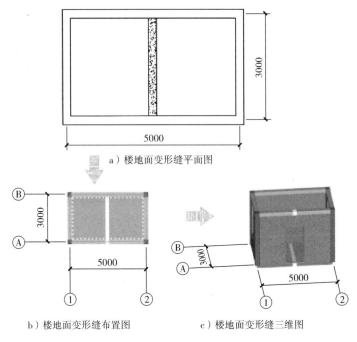

a) 楼地面变形缝平面图

b) 楼地面变形缝布置图　　　　c) 楼地面变形缝三维图

图 9-19　楼地面变形缝示意图

9.5　基础防水

9.5.1　基础卷材防水

项目编码: 010905001　　项目名称: 基础卷材防水

【例 9-20】如图 9-20 所示的墙基础, 采用卷材防水, 试计算该卷材防水的工程量。

【解】

1. 清单工程量计算规则

按设计图示尺寸以面积计算。

计量单位: m^2。

2. 工程量计算

$S_{外墙} = (6.9 + 6 + 6.9 + 6 + 4.5) \times 2 \times 0.37$

　　　$= 22.42 m^2$

$S_{内墙} = [(6.9 \times 2 + 6 - 0.37) + (4.5 - 0.37) \times 2 + (6 - 0.37) \times 2] \times 0.37$

　　　$= 14.41 m^2$

$S_{总} = 22.42 + 14.41 = 36.83 m^2$

式中：

$(6.9 + 6 + 6.9 + 6 + 4.5) \times 2$——外墙总长度；

0.37——墙的厚度；

$(6.9 \times 2 + 6 - 0.37) + (4.5 - 0.37) \times 2 + (6 - 0.37) \times 2$——内墙总长度。

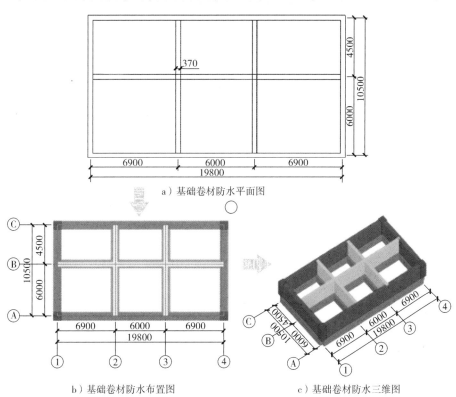

a）基础卷材防水平面图

b）基础卷材防水布置图   c）基础卷材防水三维图

图 9-20   基础卷材防水示意图

9.5.2   基础涂膜防水

项目编码：010905002   项目名称：基础涂膜防水

【例 9-21】如图 9-21 所示的墙基础，采用涂膜防水，试计算该涂膜防水的工程量。

【解】

1. 清单工程量计算规则

按设计图示尺寸以面积计算。

计量单位：m^2。

2. 工程量计算

$$S_{外墙} = (6.9 + 6 + 6 + 4.5) \times 2 \times 0.37$$
$$= 17.32\mathrm{m}^2$$

$$S_{内墙} = [(6.9 + 6 - 0.37) + (4.5 - 0.37) \times 2 + (6 - 0.37) \times 2] \times 0.37$$
$$= 11.86\mathrm{m}^2$$

$$S_{总} = 17.32 + 11.86 = 29.18\mathrm{m}^2$$

式中:

(6.9+6+6+4.5)×2——外墙总长度;

0.37——墙的厚度;

(6.9+6-0.37)+(4.5-0.37)×2+(6-0.37)×2——内墙总长度。

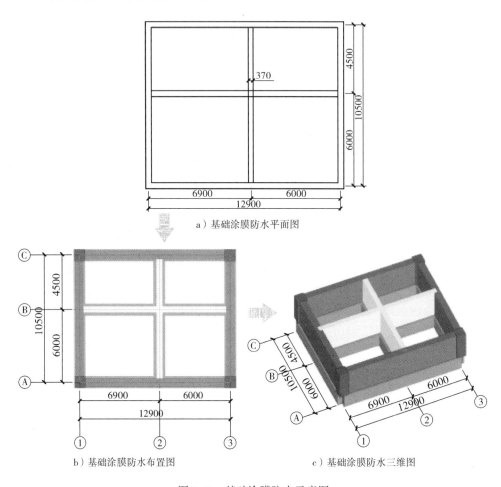

a) 基础涂膜防水平面图

b) 基础涂膜防水布置图

c) 基础涂膜防水三维图

图 9-21 基础涂膜防水示意图

9.5.3 止水带

项目编码: 010905003 项目名称: 止水带

【例 9-22】某建筑墙面变形缝设置如图 9-22 所示, 试求其工程量。

【解】

1. 清单工程量计算规则

按设计图示尺寸以长度计算。

计量单位: m。

2. 工程量计算

$L = 10.5 \times 2$

$= 21m$

式中：

10.5——单根止水带长度；

2——止水带根数。

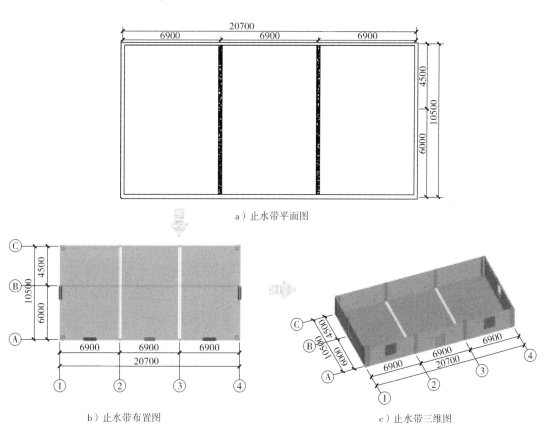

a）止水带平面图

b）止水带布置图

c）止水带三维图

图9-22 止水带示意图

第10章 保温、隔热、防腐工程

10.1 保温、隔热

10.1.1 保温隔热屋面

项目编码：011001001　　项目名称：保温隔热屋面

【例10-1】某新建民居屋面保温工程施工，该建筑屋面干铺加气混凝土砌块如图10-1所示，砌块铺200mm厚，屋面上排水管截面面积为0.4m²，试求屋面保温隔热层工程量。

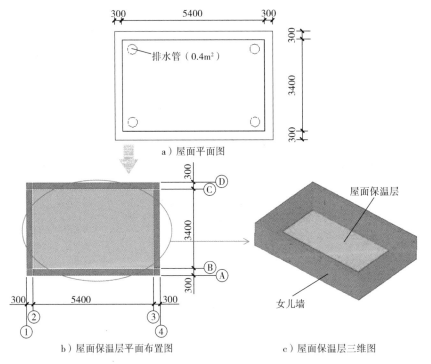

图10-1　屋面保温层平面及三维示意图

【解】

1. 清单工程量计算规则

按设计图示尺寸以面积计算。
计量单位：m²。

2. 工程量计算

$S = (4-0.6) \times (6-0.6) - 0.4 \times 4$
$= 16.76\text{m}^2$

式中：

4——屋面宽度；

6——屋面长度；

0.6——两道女儿墙的厚度。

注意：扣除面积 >0.3m² 孔洞及占位面积。

10.1.2　保温隔热天棚

项目编码：011001002　　项目名称：保温隔热天棚

【例 10-2】某小会议室保温隔热天棚如图 10-2 所示，天棚两边梁与墙相接，墙宽 240mm（墙未在图中表示），试求该会议室保温隔热天棚工程量。

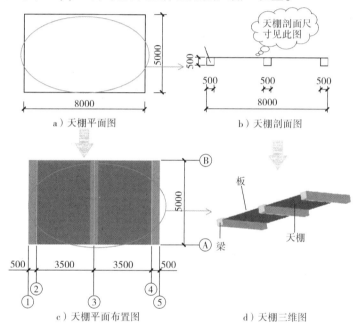

图 10-2　天棚平面及三维示意图

【解】

1. 清单工程量计算规则

按设计图示尺寸以面积计算。

计量单位：m²。

2. 工程量计算

$S_{保温隔热天棚} = (8 - 0.24 \times 2) \times 5 = 37.6m^2$

$S_{梁侧面} = 0.5 \times 5 \times 4 = 10m^2$

$S_{总保温隔热天棚} = 37.6 + 10 = 47.6m^2$

式中：

8 - 0.24×2——天棚长度减去题中所述墙体所占长度；

5——天棚宽度；

0.5——梁的侧面高度；

4——与天棚相连的梁的侧面个数。

注意：扣除面积 >0.3m² 柱、垛、孔洞所占面积，与天棚相连的梁按展开面积，计算并入天棚工程量内。

10.1.3 保温隔热墙面

项目编码：011001003　　　项目名称：保温隔热墙面

【例 10-3】某新建筑房屋做外墙保温，房屋如图 10-3 所示，房屋高 3m，墙厚 370mm，正面墙上有一面积为 0.005m² 的空调机孔洞，门窗侧壁不需要做外墙保温，试求保温隔热墙面工程量。

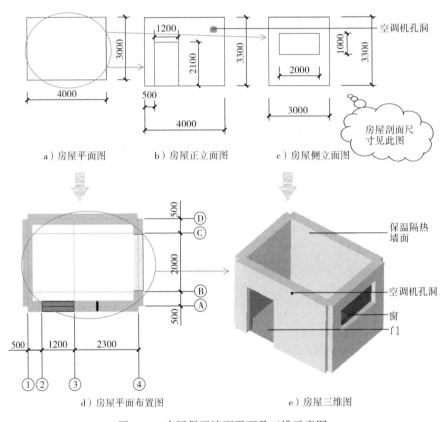

图 10-3　房屋保温墙面平面及三维示意图

【解】

1. 清单工程量计算规则

按设计图示尺寸以面积计算。

计量单位：m²。

2. 工程量计算

$$S_{门窗} = 1.2 \times 2.1 + 2 \times 1 = 4.52m^2$$

$$S_{墙面} = (4 \times 3.3 + 3 \times 3.3) \times 2 = 46.2m^2$$

$$S_{保温隔热墙} = 46.2 - 4.52 - 0.005 = 41.675m^2$$

式中：

$(4 \times 3.3 + 3 \times 3.3)$——两面墙的面积；

0.005——空调管孔洞面积。

注意：扣除门窗洞口以及面积$>0.3 m^2$梁、孔洞所占面积；门窗洞口侧壁以及与墙相连的柱，并入保温墙体工程量内。

10.1.4 保温柱、梁

项目编码：011001004　　项目名称：保温柱、梁

【例 10-4】某建筑圆柱欲加装聚苯乙烯泡沫板保温层，如图 10-4 所示。圆柱半径 300mm，找平层 20mm，柱高 3300mm，试计算保温层工程量。

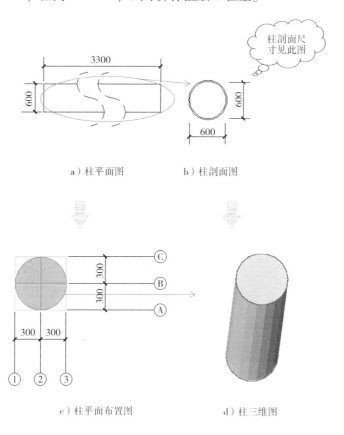

a）柱平面图　　　　b）柱剖面图

c）柱平面布置图　　　d）柱三维图

图 10-4　保温柱平面及三维示意图

【解】

1. 清单工程量计算规则

按设计图示尺寸以面积计算。

计量单位：m^2。

2. 工程量计算

$S_{保温柱} = 2 \times 3.14 \times (0.3 + 0.02) \times 3.3$

$= 6.632 m^2$

式中：

3.3——柱长度；

0.3 + 0.02——聚苯乙烯泡沫板的半径，为柱尺寸 + 找平层。

注意：1. 柱按设计图示柱断面保温层中心线展开长度乘保温层高度以面积计算，扣除面积 > 0.3m² 梁所占面积。

2. 梁按设计图示梁断面保温层中心线展开长度乘保温层长度以面积计算。

10.1.5 保温隔热楼地面

项目编码：011001005   项目名称：保温隔热楼地面

【例 10-5】某建筑，采用室内软木保温层制作保温隔热楼地面，如图 10-5 所示，试根据图纸信息计算该工程保温隔热楼地面的工程量。

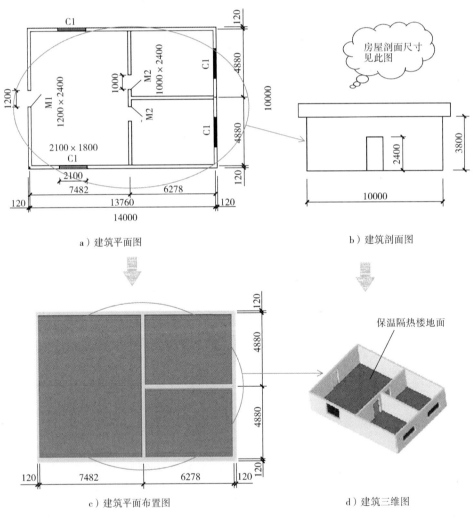

图 10-5 建筑平面及三维示意图

【解】

1. 清单工程量计算规则

按设计图示尺寸以面积计算。

计量单位：m^2。

2. 工程量计算

$S = (7.482 - 0.12) \times (10.0 - 0.24) + (6.278 - 0.12) \times (10.0 - 0.24 \times 2)$

$= 71.853 + 58.624 = 130.477 m^2$

式中：

7.482 - 0.12——左侧房屋净宽；

10.0 - 0.24——左侧房屋净长；

6.278 - 0.12——右侧房屋净宽；

10.0 - 0.24 × 2——右侧房屋净长。

注意：扣除面积 >0.3m^2 柱、垛、孔洞所占面积。门洞、空圈、暖气包槽、壁龛的开口部分不增加面积。

10.1.6　其他保温隔热

项目编码：011001006　　项目名称：其他保温隔热

【例 10-6】某圆形池槽，池槽深度为 4m，池槽如图 10-6 所示，试计算圆形池槽底部保温隔热工程工程量。

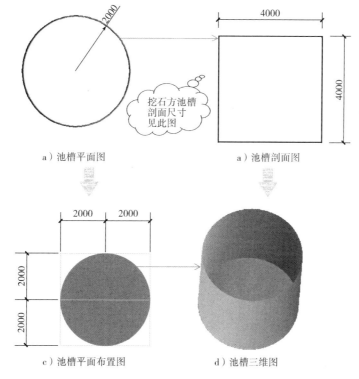

图 10-6　池槽平面及三维示意图

【解】

1. 清单工程量计算规则
按设计图示尺寸以展开面积计算。 ➡ 2. 工程量计算
计量单位：m^2。

$$S = \pi \times 2^2$$
$$= 12.566 m^2$$

⬇

式中：
2——圆形池槽底部半径。

注意：扣除面积 $>0.3 m^2$ 孔洞及占位面积。

10.2 防腐面层

10.2.1 防腐混凝土面层

项目编码：011002001   项目名称：防腐混凝土面层

【例10-7】某新建民居房屋，如图10-7所示，屋面做平面防腐使用防腐混凝土面层，房屋安装规格为2100mm×1500mm防盗门、2000mm×2000mm钢化玻璃窗。试求防腐混凝土面层工程量。

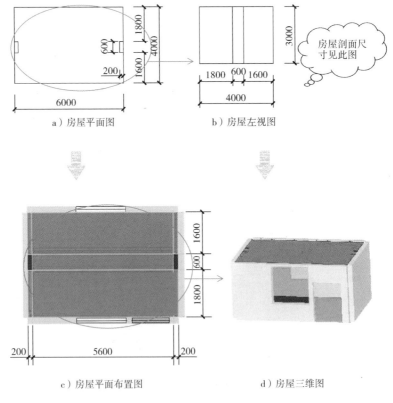

图 10-7 房屋平面及三维示意图

【解】

1. 清单工程量计算规则

按设计图示尺寸以面积计算。

计量单位：m^2。

2. 工程量计算

$$S = (6 + 0.24) \times (4 + 0.24)$$
$$= 26.458 m^2$$

式中：

6 + 0.24——房屋屋顶长度；

4 + 0.24——房屋屋顶宽度。

注意：1. 平面防腐：扣除凸出地面的构筑物、设备基础等以及面积 > 0.3 m^2 孔洞、柱、垛所占面积，门洞、空圈、暖气包槽、壁龛的开口部分不增加面积。

2. 立面防腐：扣除门、窗、洞口以及面积 > 0.3 m^2 孔洞、梁所占面积，门、窗、洞口侧壁、垛凸出部分按展开面积并入墙面积内。

10.2.2　防腐砂浆面层

项目编码：011002002　　项目名称：防腐砂浆面层

【例 10-8】某单间房屋如图 10-7 所示，安装规格为 2100mm × 1500mm 防盗门（门厚 50mm）、2000mm × 2000mm 钢化玻璃窗（窗厚 30mm），墙厚 240mm。四面墙面面层为耐酸沥青砂浆面层 30mm 厚。试求其四面墙防腐砂浆面层工程量。

【解】

1. 清单工程量计算规则

按设计图示尺寸以面积计算。

计量单位：m^2。

2. 工程量计算

$$S_{四面墙} = (6 \times 3 + 4 \times 3) \times 2 = 60 m^2$$

$$S_{墙垛展开} = (0.6 \times 3 + 0.2 \times 3 \times 2) \times 2 = 6 m^2$$

$$S_{门} = 2.1 \times 1.5 = 3.15 m^2$$

$$S_{窗} = 2 \times 2 \times 2 = 8 m^2$$

$$S_{门洞孔侧壁} = (0.24 - 0.05) \div 2 \times 2.1 \times 2 + (0.24 - 0.05) \div 2 \times 1.5 = 0.4 + 0.14 = 0.54 m^2$$

$$S_{窗洞孔侧壁} = (0.24 - 0.03) \div 2 \times 2 \times 4 \times 2 = 1.68 m^2$$

$$S_{防腐砂浆面层} = 60 + 6 + 0.54 + 1.68 - 3.15 - 8 = 57.07 m^2$$

式中：

$0.6 \times 3 + 0.2 \times 3 \times 2$——单个墙垛展开面面积；

$(0.24 - 0.05) \div 2$——门一边侧壁面积。

注意：1. 平面防腐：扣除凸出地面的构筑物、设备基础等以及面积 > 0.3 m^2 孔洞、柱、垛所占面积，门洞、空圈、暖气包槽、壁龛的开口部分不增加面积。

2. 立面防腐：扣除门、窗、洞口以及面积 > 0.3 m^2 孔洞、梁所占面积，门、窗、洞口侧壁、垛凸出部分按展开面积并入墙面积内。

10.2.3 防腐胶泥面层

项目编码：011002003　项目名称：防腐胶泥面层

【例 10-9】某房屋俯视图如图 10-8 所示，房屋屋面做隔离层采用耐酸沥青胶泥卷材。试求隔离层工程量。

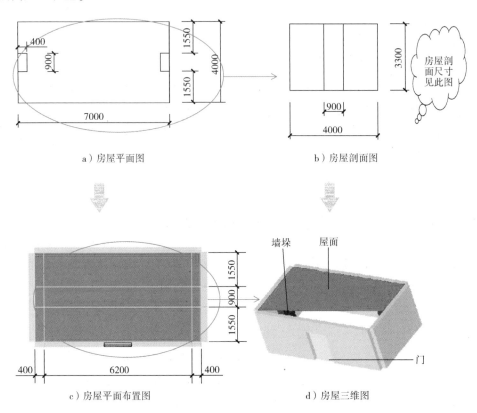

a）房屋平面图　　　　　b）房屋剖面图

c）房屋平面布置图　　　　d）房屋三维图

图 10-8　房屋平面及三维示意图

【解】

1. 清单工程量计算规则
按设计图示尺寸以面积计算。
计量单位：m²。

2. 工程量计算
$S = 7 \times 4 - 0.9 \times 0.4 \times 2$
$= 28 - 0.72 = 27.28 \text{m}^2$

式中：

$0.9 \times 0.4 \times 2$——两个凸出矩形截面面积。

注意：1. 平面防腐：扣除凸出地面的构筑物、设备基础等以及面积 >0.3m² 孔洞、柱、垛所占面积，门洞、空圈、暖气包槽、壁龛的开口部分不增加面积。

2. 立面防腐：扣除门、窗、洞口以及面积 >0.3m² 孔洞、梁所占面积，门、窗、洞口侧壁、垛凸出部分按展开面积并入墙面积内。

10.2.4　玻璃钢防腐面层

项目编码：011002004　　项目名称：玻璃钢防腐面层

【例 10-10】某森林小屋外部需要使用玻璃钢防腐面层，小屋高 3300mm，墙厚 200mm，平面图如图 10-9 所示（M1：1100mm×2000mm，C1：900mm×1500mm），试计算其工程量。

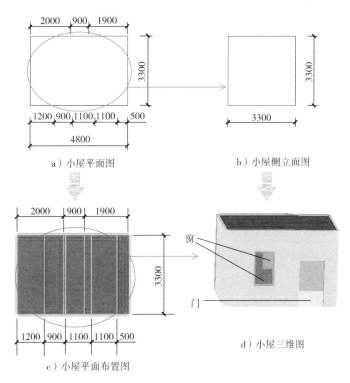

a）小屋平面图　　　　　　　　b）小屋侧立面图

c）小屋平面布置图　　　　　　d）小屋三维图

图 10-9　森林小屋平面及三维示意图

【解】

1. 清单工程量计算规则

按设计图示尺寸以面积计算。

计量单位：m²。

2. 工程量计算

$S = (4.8 + 0.2) \times (3.3 + 0.2) + (4.8 + 0.2) \times (3.3 + 0.2) \times 2 + (3.3 + 0.2) \times (3.3 + 0.2) \times 2 - 1.1 \times 2 - 0.9 \times 1.5 \times 2$

$= 17.5 + 35 + 24.5 - 2.2 - 2.7$

$= 72.1 \text{m}^2$

式中：

$(4.8 + 0.2) \times (3.3 + 0.2)$——屋面面积；

$(4.8 + 0.2) \times (3.3 + 0.2) \times 2$——前后立面面积；

$(3.3 + 0.2) \times (3.3 + 0.2) \times 2$——左右立面面积；

$1.1 \times 2 + 0.9 \times 1.5 \times 2$——门窗扣除的面积。

注意：1. 平面防腐：扣除凸出地面的构筑物、设备基础等以及面积 > 0.3m² 孔洞、柱、垛所占面积，门洞、空圈、暖气包槽、壁龛的开口部分不增加面积。

2. 立面防腐：扣除门、窗、洞口以及面积 > 0.3m² 孔洞、梁所占面积，门、窗、洞口侧壁、垛凸出部分按展开面积并入墙面积内。

10.2.5　聚氯乙烯板面层

项目编码：011002005　　项目名称：聚氯乙烯板面层

【例 10-11】某公共厕所内水箱使用聚氯乙烯板防腐，水箱如图 10-10 所示，试计算其工程量。

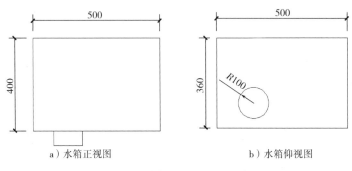

a）水箱正视图　　　　　　　　　　　b）水箱仰视图

图 10-10　水箱平面及三维示意图

【解】

1. 清单工程量计算规则
按设计图示尺寸以面积计算。
计量单位：m²。

2. 工程量计算

$$S = 0.4 \times 0.5 \times 2 + 0.4 \times 0.36 \times 2 + 0.5 \times 0.36 - 0.1 \times 0.1 \times 3.14$$
$$= 0.4 + 0.29 + 0.18 - 0.03$$
$$= 0.84 m^2$$

式中：

$0.4 \times 0.5 \times 2$——水箱前后面面积；

$0.4 \times 0.36 \times 2$——水箱上下面面积。

注意：1. 平面防腐：扣除凸出地面的构筑物、设备基础等以及面积 > 0.3m² 孔洞、柱、垛所占面积，门洞、空圈、暖气包槽、壁龛的开口部分不增加面积。

2. 立面防腐：扣除门、窗、洞口以及面积 > 0.3m² 孔洞、梁所占面积，门、窗、洞口侧壁、垛凸出部分按展开面积并入墙面积内。

10.2.6　块料防腐面层

项目编码：011002006　　项目名称：块料防腐面层

【例 10-12】某房屋外侧采用块料防腐面层，如图 10-11 所示，墙厚 240mm，高 3300mm，M1：900mm × 2000mm；M2：1500mm × 2100mm；C1：900mm × 1500mm；C2：

$1200\text{mm} \times 1500\text{mm}$，试计算其块料防腐面层工程量。

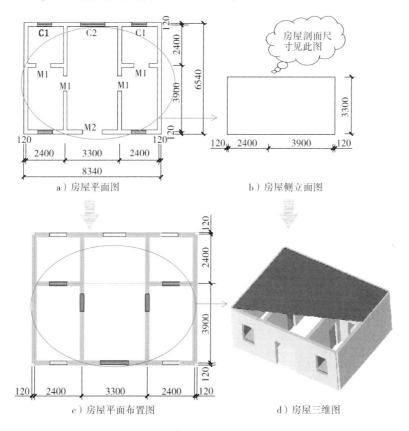

图 10-11 房屋平面及三维示意图

【解】

1. 清单工程量计算规则

按设计图示尺寸以面积计算。

计量单位：m^2。

2. 工程量计算

$$S_{DJ1} = (2.4 + 3.9 + 0.24) \times 3.3 \times 2 + (2.4 + 3.3 + 2.4 + 0.24) \times 3.3 \times 2 - (1.5 \times 2.1) - (0.9 \times 1.5 \times 4 + 1.2 \times 1.5)$$

$$= 43.16 + 55.04 - 3.15 - 7.2$$

$$= 87.85\text{m}^2$$

式中：

$(2.4 + 3.9 + 0.24) \times 3.3 \times 2$——房屋侧立面面积；

$(2.4 + 3.3 + 2.4 + 0.24) \times 3.3 \times 2$——房屋前后立面面积；

$(1.5 \times 2.1) + (0.9 \times 1.5 \times 4 + 1.2 \times 1.5)$——扣除外墙上的门窗面积。

注意：1. 平面防腐：扣除凸出地面的构筑物、设备基础等以及面积 $> 0.3\text{m}^2$ 孔洞、柱、垛所占面积，门洞、空圈、暖气包槽、壁龛的开口部分不增加面积。

2. 立面防腐：扣除门、窗、洞口以及面积 $> 0.3\text{m}^2$ 孔洞、梁所占面积，门、窗、洞口侧壁、垛凸出部分按展开面积并入墙面积内。

10.2.7 池、槽块料防腐面层

项目编码：011002007　　　项目名称：池、槽块料防腐面层

【例 10-13】某沟槽的平面图和剖面图如图 10-12 所示，沟槽地面及侧壁都铺贴块料防腐面层，试计算其块料防腐面层的工程量。

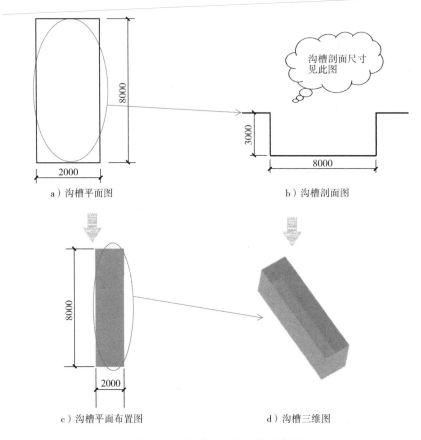

a）沟槽平面图　　　　　　　　　　　　　b）沟槽剖面图

c）沟槽平面布置图　　　　　　　　　　d）沟槽三维图

图 10-12　沟槽平面及三维示意图

【解】

1. 清单工程量计算规则
按设计图示尺寸以展开面积计算。计量单位：m²。

2. 工程量计算
$$S = 2 \times 8 + (2+8) \times 2 \times 3 = 16 + 60 = 76 \text{m}^2$$

式中：

2×8——沟槽底面面积；

$(2+8) \times 2 \times 3$——沟槽侧壁面积。

10.3 其他防腐

10.3.1 隔离层

项目编码：011003001   项目名称：隔离层

【例 10-14】某建筑如图 10-13 所示，墙厚 240mm，屋面做五纺布隔离层，试求该屋面做五纺布隔离层的工程量。

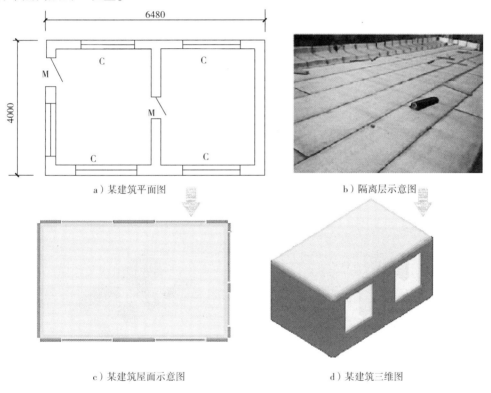

a）某建筑平面图　　　　　　　　　　b）隔离层示意图

c）某建筑屋面示意图　　　　　　　　d）某建筑三维图

图 10-13 建筑平面及三维示意图

【解】

1. 清单工程量计算规则
按设计图示尺寸以面积计算。
计量单位：m²。

➡

2. 工程量计算
$$S = (4 + 0.24) \times (6.48 + 0.24)$$
$$= 28.49 \mathrm{m^2}$$

⬇

式中：

6.48 + 0.24——房屋屋顶长度；

4 + 0.24——房屋屋顶宽度。

注意：1. 平面防腐：扣除凸出地面的构筑物、设备基础等以及面积 > 0.3m² 孔洞、柱、垛所占面积，门洞、空圈、暖气包槽、壁龛的开口部分不增加面积。

2. 立面防腐：扣除门、窗、洞口以及面积>0.3m²孔洞、梁所占面积，门、窗、洞口侧壁、垛凸出部分按展开面积并入墙面积内。

10.3.2 砌筑沥青浸渍砖

项目编码：011003002　　项目名称：砌筑沥青浸渍砖

【例10-15】某房屋，如图10-14所示，采用耐酸沥青浸渍砖（240mm×115mm×53mm）铺设地面，墙厚240mm，试计算其工程量。

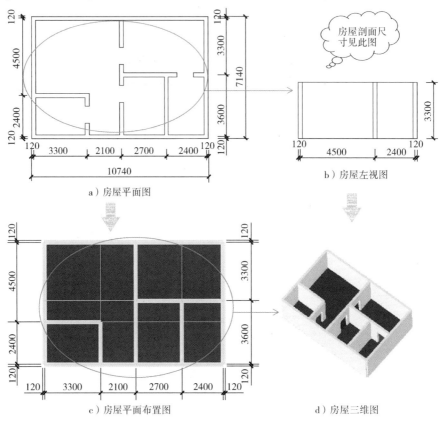

图10-14　房屋平面及三维示意图

【解】

1. 清单工程量计算规则

按设计图示尺寸以体积计算。

计量单位：m³。

2. 工程量计算

$V = [(4.5 + 2.4 - 0.24) \times (3.3 + 2.1 - 0.24) - (3.3 - 0.24) \times 0.24 - (2.4 - 0.24) \times 0.24 + (2.7 - 0.24) \times (3.6 - 0.24) + (2.4 - 0.24) \times (3.6 - 0.24) + (2.7 + 2.4 - 0.24) \times (3.3 - 0.24)] \times 0.053$

$= (34.37 - 0.73 - 0.52 + 8.27 + 7.26 + 14.87) \times 0.053$

$= 3.367 m^3$

式中：

$(4.5+2.4-0.24)\times(3.3+2.1-0.24)$——左侧室内地面面积；

$(3.3-0.24)\times0.24+(2.4-0.24)\times0.24$——扣除左侧室内墙体所占地面面积；

$(2.7-0.24)\times(3.6-0.24)+(2.4-0.24)\times(3.6-0.24)+(2.7+2.4-0.24)\times(3.3-0.24)$——右侧室内地面净面积；

0.053——标准砖厚度。

10.3.3　防腐涂料

项目编码：011003003　　项目名称：防腐涂料

【例 10-16】 如图 10-15 所示，已知某厂房使用截面面积 600mm×600mm 钢方柱 22 个，钢方柱侧立面应涂刷红丹防锈漆一道，灰色磁漆两道，求钢方柱的防腐涂料的工程量。

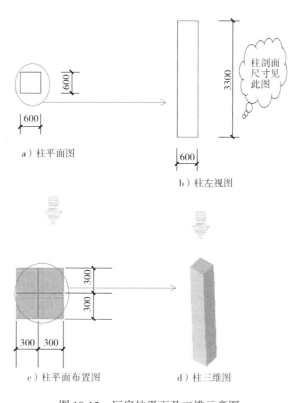

图 10-15　厂房柱平面及三维示意图

【解】

1. 清单工程量计算规则
按设计图示尺寸以面积计算。
计量单位：m^2。

2. 工程量计算
$S=0.6\times3.3\times4\times22$
$=174.24m^2$

式中：

0.6×3.3——钢方柱一个立面的面积；

22——钢方柱共有22根。

注意：1. 平面防腐：扣除凸出地面的构筑物、设备基础等以及面积>0.3m²孔洞、柱、垛所占面积，门洞、空圈、暖气包槽、壁龛的开口部分不增加面积。

2. 立面防腐：扣除门、窗、洞口以及面积>0.3m²孔洞、梁所占面积，门、窗、洞口侧壁、垛凸出部分按展开面积并入墙面积内。